U0349887

室内设计师.38
INTERIOR DESIGNER

图书在版编目(CIP)数据

室内设计师. 38，专卖店设计 / 《室内设计师》编委会编 .-- 北京：中国建筑工业出版社，2012.11
ISBN 978-7-112-14877-6

Ⅰ. ①室… Ⅱ. ①室… Ⅲ. ①室内装饰设计 - 丛刊② 专卖 - 商店 - 室内装饰设计 Ⅳ. ①
TU238-55 ② TU247.2-64

中国版本图书馆 CIP 数据核字 (2012) 第 266592 号

室内设计师 38
专卖店设计
《室内设计师》编委会 编
电子邮箱：ider.2006@yahoo.com.cn
网 址：http://www.idzoom.com

中国建筑工业出版社出版、发行（北京西郊百万庄）
各地新华书店、建筑书店 经销
利丰雅高印刷（上海）有限公司 制版、印刷

开本：965 × 1270 毫米 1/16 印张：11½ 字数：460 千字
2012 年 11 月第一版 2012 年 11 月第一次印刷
定价：40.00 元
ISBN978-7-112-14877-6
（22952）

目录

# CONTENTS

VOL.38

# 被他感动：漫谈彼得·卒姆托

撰文 | 王受之

梳理一部世界建筑史，笔端下流过的建筑师姓名总有几百个。有些人，你会公事公办地如实写去——出生年月、毕业学校、主要作品、基本风格流派，写过以后，也就基本上忘记了；有些人，你会被他的大胆创意所震撼；有些人，你会为他的超群才华所折服；有些人，你不需要多少原因，就深深地被他感动——瑞士建筑家彼得·卒姆托（Peter Zumthor）就是这样的一位。

1943年，卒姆托出生在巴塞尔一个柜橱工匠的家庭里。起初他在巴塞尔的一所技术学校学木工，1966年以交换学生的身份去美国纽约的普拉特学院学习工业设计。木工的精细和技巧以及产品设计对于解决人和物之间关系的重视，对他后来的职业生涯发展，影响至深。

1968年，他在瑞士格劳邦敦州（Graubunden）的历史遗址保护部门担任维修建筑师，有机会深入地认识和理解历史建筑，在修复维护这些老建筑的过程中，更加对民间传统建筑的结构、材料、施工技术有了相当深刻的了解。

卒姆托在工作中不断积累经验，将他对材料的认识与对现代主义建筑结构细节的理解结合起来。他设计的作品总是非常简洁、单纯，带有极少主义的外观，而在空间布局和材料运用方面，则展现出浑厚坚实的质感来。

迄今为止，卒姆托的作品并不很多，也并不很大。他不是那种头顶光环的“明星建筑师”，完成的项目中也少有容易引人瞩目的博物馆、音乐厅、大会堂一类作品。但他的作品不仅能够令人过目不忘，而且还常常会让人深受感动。

就拿他在2007年完成的一栋小小的田野教堂（Bruder Klaus Chapel）来说吧，那是德国南部米切密克村的农民为了纪念他们的天使、一位15世纪的修士布鲁德·克劳斯而建造的。在一片广袤的田野中，这座淡黄色的小教堂静静地立在那里，没有炫目的外表，却让人看得目不转睛——一个小小的水泥斜四面体，安着

一道三角形的金属门，推门进去，里面是个不太规则的椭圆空间，由下向上，渐渐收窄。墙面是用112段树干一节节堆起来的，待木材干燥后，在空隙中喷上水泥，再待水泥干透，用慢火将树干烧尽，留下的水泥墙面就保留着树干的形状。整栋建筑没有窗子，也没有顶——那里是一个小小的洞，只是在周围嶙峋的墙面上零散地点缀着一些不很明亮的小灯泡。我尚没有机会去到那里，却真的很想体验一下：当外面的田野绿浪起伏，小教堂被夕阳映照得通体明亮，独自身处在炙黑的水泥“树干”环绕之中，仰望着头顶那一方明亮。这样的地方，这样的时刻，想必会让人的心灵更能沉静下来，而让思绪张开翅膀。

卒姆托是一位应用材料的高手，我相信他对于材料，一定有一种不同寻常的直觉和敏感。正如普利茨克建筑大奖的一位评委指出的那样：“卒姆托有一双手工艺人般灵巧的手，所有的材料，从雪松皮到磨砂玻璃，他都能恰到好处地在建筑中运用它们，并让它们展示出本身的独特性质来。”而建筑师本人则说：“我尝试着将一种感觉充填到材料里面去，那种感觉超出了所有有关结构的规范条款。材料本身的触感、气味、声学性质都是构成建筑语汇的元素，都是可以利用的。只有当我意识到这种材料只能以这样的特定方式，应用到这栋特定的建筑物中去的时候，我才会成功。”在他的心目中，建筑并不是在纸面上画出来的某种形式，建筑的要旨就是空间和材料。

卒姆托有一种能力，而且他一直保持着这种能力——他不仅是设计和建造一栋单独的建筑，更是设计和创造出一个带有独特氛围的环境来。1996年，他设计了一座阿尔卑斯山区里的温泉浴室（Thermal Spa, Vals）。为了与周围环境更好地融为一体，这个有点类似采石场洞穴的浴室用玻璃作为屋顶，在室内也可以看到周围的雪山和松林。并且将建筑的一部分埋入地下，所用的铺设材料，是当地出产的一种灰色的石英岩。卒姆托用厚实的水平石板砌成墙体，和浴池的水平线相呼应。石头出自大山，石屋建在大山里，热泉从山中涌出，流入灰色石板界定出的方格中。山、石、水就这样被他有机地统一了起来。然而统一中又处处有差异和对比：冷漠的坚硬石块和温暖的流淌泉水的对比，色调深沉的粗糙石材表面与暖色调的光滑黄铜扶手的对比，都营造出一种戏剧性的效果来。再加上灯光的设计、自然光的利用、明暗的转换、氤氲的水汽、粼动的波光，使得那些粗粝的石墙边界也变得温柔起来。置身于大山的怀抱中，享受着温暖水流的爱抚，这是怎样的一个令身心欢愉的绝佳境界，实在是大师之作。

卒姆托有强烈的社会责任感，他相信，建筑的语言无关乎某种风格潮流，每一栋建筑都应该是在某个特定的地点、为了特定的用途、服务于特定的群体才建起来的。他在整

个建筑生涯中，都力图对这些最基本的需求做出最精准的答复来。对他而言，建筑师的作用除了建起一栋固定的房舍来之外，还要预计到和筹划出在建筑里以及在建筑周围的感受和体验，并在设计中，表达出对于当地文化、历史和传统的尊崇和爱护来。正是依循这样的理念和原则，他设计了德国科隆的柯鲁姆巴艺术博物馆（Kolumba Art Museum）。

那是一座非常独特的博物馆，不仅由于它藏有丰富的从公元 1 世纪至今的宗教题材艺术品，还因为博物馆里面保留着一座古老的圣柯鲁姆巴教堂遗址。该遗址周围的建筑在第二次世界大战中几乎被夷为平地，而教堂遗址本身却奇迹般地得以保存了下来。1973 年的一次考古发掘中，发现遗址的地下还埋藏着古罗马时期、哥特时期以及中世纪的古迹。因而新建的柯鲁姆巴艺术博物馆，除了具有展出艺术品的功能之外，还是一个考古发掘现场，以及古建筑遗址的保护工程。为了与众多古迹取得协调，卒姆托参考了科隆本地传统建筑中常用的平直窄长砖块材料，选用平直窄长的暖色调石块作为外墙材料，又细致地在古教堂的遗址内嵌入细长的钢柱，用水泥加固，而且将遗址上比较完好的部分衔接到新建筑上，让历史和现实在这里交汇，激荡。这栋博物馆并不一味复古，也有不少很具现代感的细节，但在彰显出时代感觉的同时，又让历史的每一层面自如地在观众面前展开。

过去三十多年来，卒姆托远离建筑界那些喧嚣的漩涡，一直以瑞士偏远山区里一个面积不足 19km$^2$ 的小村镇作为基地，和他的志同道合的小团队一起，建造起一批非常真诚质朴的、不被时尚潮流所左右的优秀建筑来。一个个地细细浏览他的作品，你会发现：没有一点多余的以炫耀为目的的细节，没有任何“张牙舞爪”的结构，或许有些“四平八稳”，可沉稳中透出的那股精神，恰恰是最令人感动的。他有意将工作室保持在一个不超过 20 人的小规模上，他觉得只有这样，才能在项目设计过程中，不放过任何一个细节，才能对每一个项目，无分大小，都能给以高度的重视，付出同样的精心。他谢绝了不少慕名而来的项目，只接受令他深受感动的项目，而一旦接受下来，他总是亲力亲为，力争将每一个细节都完成到尽善尽美。他希望看到建筑的人、住进建筑的人、在建筑中走动的人，都能够与建筑有所互动，有所交流，并有所感动。因而他的作品除了是一栋建筑之外，更是一首诗或一支歌，总能够创造出一个令人感动的环境和气氛来。

2009 年，他成为建筑界最高荣誉——普利茨克建筑大奖的得主，名至实归。END

# 专卖店设计：造梦空间

撰　文 | 重阳

曾经有社会学家总结说：对于生活在消费时代的都市人来说，商场或者购物中心已经成为教堂或圣殿般的存在。人们在此满足各种欲望，挥洒金钱与汗水，将工作的繁琐与疲惫驱赶出脑海，用物质填满空间中乃至心理上的空缺。如果说商场像神殿，那么专卖店则更像是一个个专属的神龛。人们在这个主题更明确，个性更鲜明，组织更精细的空间中徜徉，各色器物以最精美的形式被陈列出来，满足着人们关于"美"和"好"的一切想像。

最精明的商家，从不会吝惜在打造他们的专卖店空间上砸下大笔银两。因为他们了解，只有在一个与众不同的、能体现品牌特色的空间中，货品才会显得腔调十足，物有所值，才能让顾客心甘情愿地荷包出血。就好比把爱马仕的真品摆在襄阳市场，九成九不会有人肯出几万几十万来买。

很多平庸的设计师设计专卖店空间，要么一味追求豪华，把空间弄得闪得瞎人眼，价值不菲的材料不要钱似的往上堆；要么一味追随潮流，今天流行极简风，他的设计就是一片灰或一片白，明天流行民族风，他就斗栱竹林灯笼一窝蜂地上……给运动品牌做哥特风，给青春品牌做复古风，让进店的人只能在胸闷中迅速遁走。

归根结底，设计专卖店，重要的是把握住两条：品牌要展现什么，顾客要在这个品牌里获得什么。把握住了前者，也就圆了店方的梦。专卖店所提供的，是样板式的衣食住行，不像 shopping mall 那样宏大叙事，却主题明确。比如本期中的日本 ESTNATION 服饰店，希望营造既全球化又日本化的感觉，设计师就提供了充满现代感而又富有禅意的空间；而 LTL 设计的茶店和手工艺品店，就充盈着传统的和风。把握住了后者，就是为顾客编织梦境。逛书店的人想要书香满室，书籍分类明晰易寻，还有舒适的椅子可坐，巴西的 Livraria da Vila 就用铺天盖地的书墙和可以落座的小角落来满足他们；逛高端家具店的人希望看到档次和设计范儿，设计公馆就用大气的空间结构和价格不菲的建筑材料来呈现。

能把握住如上二者的设计师必然是成功的，因为他们贴近了品牌的梦，所以货品能在他们设计的空间中放射出独属于其自身的光芒；又因为他们贴近了顾客的梦，所以来客们在空间中留连忘返，乐于消费，进而酝酿出浓浓的归属感。

在恰到好处的空间中，品牌找到了慧眼识金的买主，客人找到了心仪的事物。像一场甜蜜的梦，每个人的愿望都得以满足。END

# 凹凸前沿设计概念店
# ALTER CONCEPT STORE IN SHANGHAI

摄　　影 | 申强
资料提供 | 3GATTI建筑事务所

地　　点 | 上海新天地
面　　积 | 100m²
主设计师 | Francesco Gatti
项目经理 | Brendan Whitsitt
合作团队 | Kylin Cheung,Bonnie Zhou,Karina Samitha,Danny Leung,Priyanka Gandhi,Zenan nLi,Andrew Chow
竣工时间 | 2010年

1 | 2
  | 3

1 楼梯设计是整个设计的独立元素
2 入口橱窗
3 设计灵感来源

凹凸前沿设计概念店位于上海的繁华商业区新天地。这里有过著名的石库门区改造案例，建筑多为 2~3 层，与高楼毗邻，显得与众不同，体现了上海休闲的一面。新天地定位比较高端新潮，是吸引当地人和游客的好去处。

概念店由来自罗马的 Francesco Gatti 设计，而店主是空姐出身的龙霄（Sonja Long）。这位成功转行进入时尚界的上海女性，曾在一次采访中表示，"我想创造一个成人游乐场，一个不只是购物的地方。" $100m^2$ 的店面空间有限，但用店主的话来说，这里"不仅有衣服，还可以看到室内设计、工业设计，以及更多的东西"。要在有限的空间内设置多个房间和功能区实有难度，解决这个问题的方法，便是设计楼梯来容纳部分陈列品、办公室及更衣室，同时产品也得到了全方位的展示。在店铺设计方面，设计师和店主的合作非常愉快。设计师创造了一个有力的连续空间，从顶棚到地面蔓延着阶梯，家具不仅是摆设，而是成为了空间的一部分，延续了视野。同时，他还剔除了多余元素，以保持设计的纯粹。作为点缀，一系列模特随着阶梯的走向放置，定义出不同的空间感，模特的腿略弯曲，呈现出隐约含蓄的东方之美。

从他的第一个设计开始，Francesco Gatti 便一直采用混合异构的解决方案，抓住空间本质，找到人和空间的精髓，定义空间，同时不掩盖空间的使用功能。在这间概念店的设计中，他采用了最少的设计语汇。

Alter 是一家多元化的时尚概念店。Sonja Long 眼光独道，崇尚非主流美，敢于颠覆传统。尽管城市面貌日新月异，但就文化本质而言，上海依然是一个略为保守的城市，人们似乎并不太愿意去违背本土传统的商业价值观。身为上海人的 Sonja 大胆成立了这样一间新型的高端概念店，其所陈列的高档品牌，与目前中国富商所熟悉的国际品牌完全不同。这间店的概念和主旨，恰与 Francesco Gatti 富有创造力而无畏传统的设计风格——天马行空、无拘无束相得益彰，因而设计过程非常顺利。

Alter 设计的哲学理念，是创造并启迪一个非主流的世界。对于 Francesco 来说，一个非主流的建筑空间就好比荷兰画家埃舍尔的作品，这个空间处于失重状态，自然规则不复存在，没有上下左右之分，一切成为可能。Alter 的楼梯设计成为整个设计中的独立元素，它覆盖了整个空间，如折纸般创造出如梦般灵动的空间感。

商店开业几个月之后，Francesco 观看了电影《盗梦空间》，发现影片的整体概念，包括镜子和楼梯的设计，与 Alter 的设计不谋而合。这样看来，也许这位设计师改行当电影导演也同样能成功。END

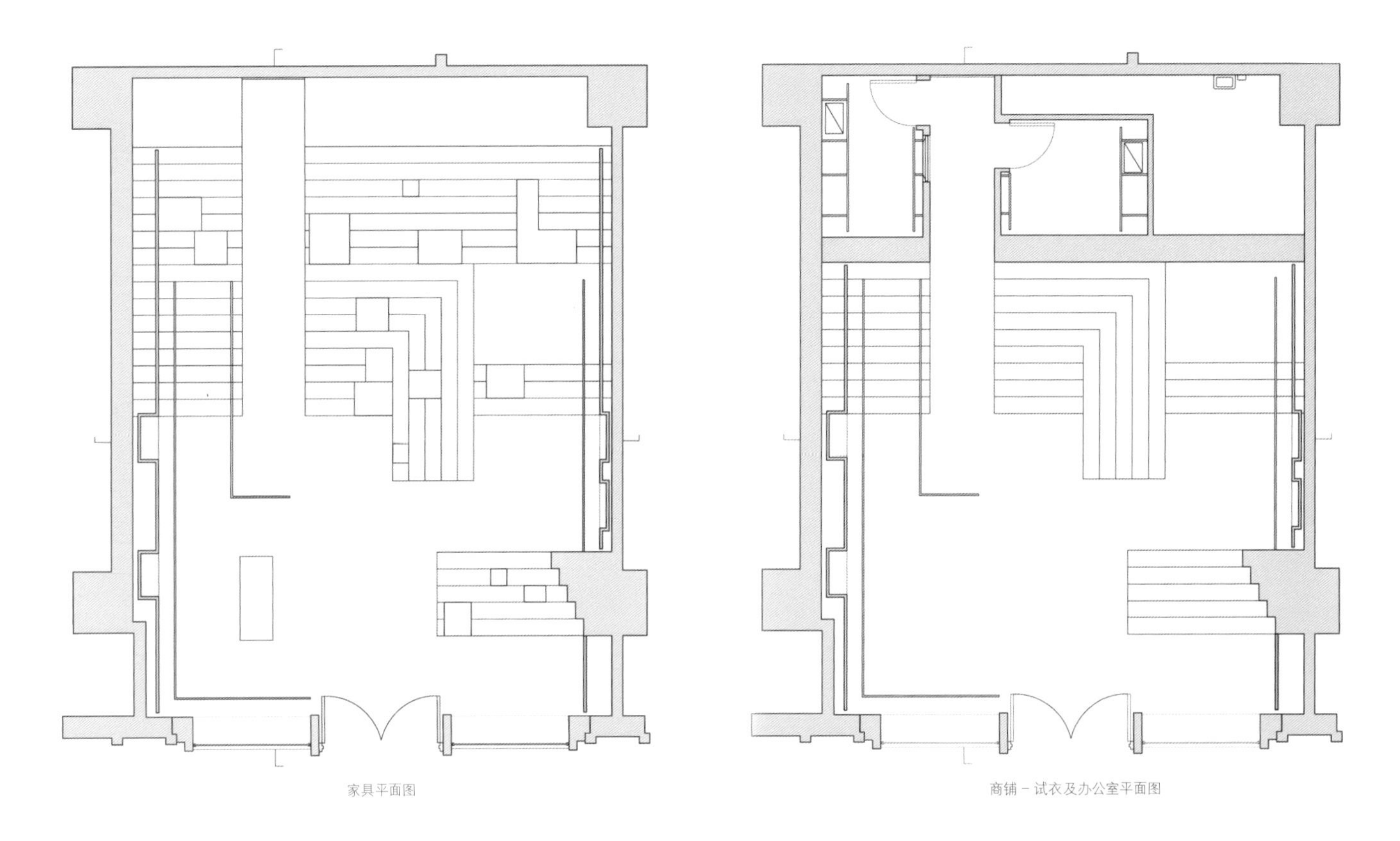

家具平面图

商铺－试衣及办公室平面图

1 | 2
3

1　平面图
2-3　整个空间处于失重状态，没有上下左右之分，一切成为可能

1 | 2
  | 3

1 作为点缀，一系列模特随着阶梯走向放置，定义出不同的空间感

2-3 通过楼梯，产品得到了全方位展示

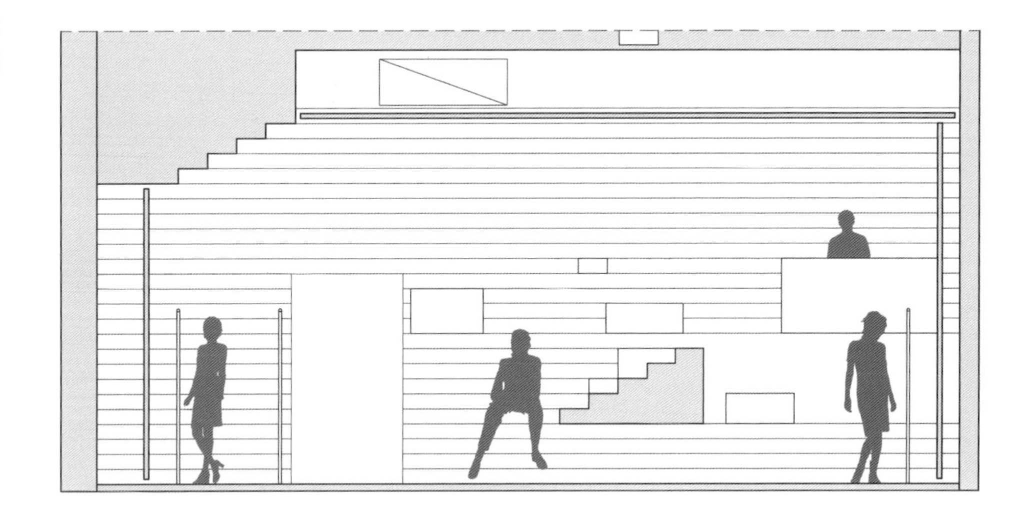

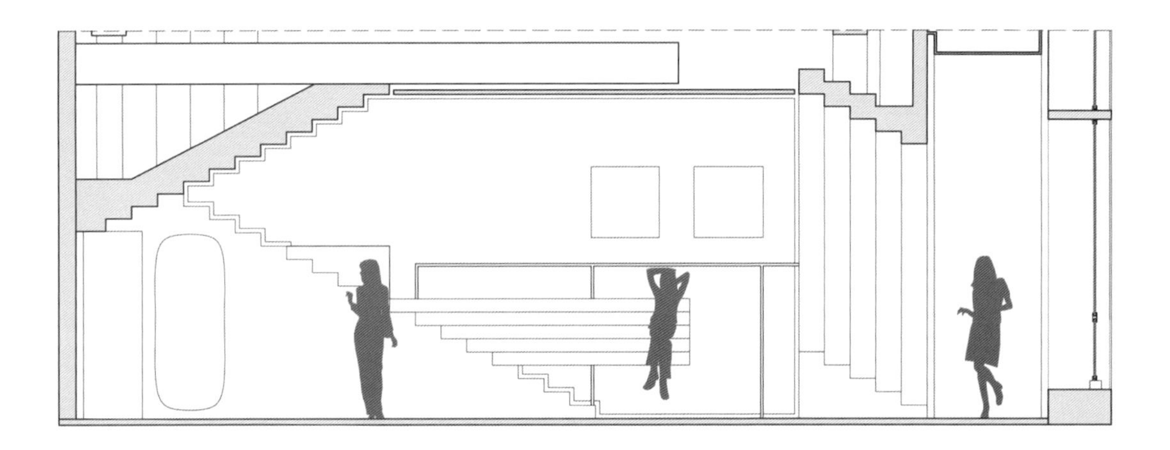

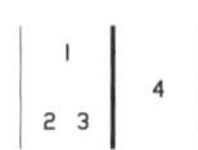


1 剖面图
2-3 失重的楼梯设计覆盖了整个空间
4 镜子设计如梦般灵动

# ESTNATION 服饰连锁专卖店

# ESTNATION FASHION STORE

撰　文 | 夕颜

ESTNATION 是日本著名的时尚品牌专卖店，店内囊括了多个世界顶尖品牌的产品和 ESTNATION 的原创服饰以及化妆品、花艺等，创立10 年来在高端消费群体中深受欢迎，为顾客提供了丰富多彩的选择。ESTNATION 在东京繁华地区和日本其他城市有着多家连锁店，其店铺的室内设计亦多出自名家之手，与其品牌身份交相辉映，充分体现出 E-S-T 所代表的品牌理念：Emotion（感动）、Sophistication(洗练)、Temptation(诱惑)。

ESTNATION bis 新宿店和 ESTNATION 名古屋店都出自著名设计工作室 MOMENT 之手，他们对品牌的特质进行了深入的了解与思考。有鉴于 ESTNATION 这个名字源自"East Nation"，立足于本土，也延伸向世界，有点"民族的就是世界的"这样的味道。因此，店内售卖的虽然是源自西方的服饰，但业主希望店铺空间也要体现出与作为东方国家的日本相关联之处。综合而言，设计需要融汇东西方，在两家店铺中，设计师都基于这样的前提展开设计，并很好地诠释了日式传统与西方现代两种风格。

ESTNATION bis 主营 ESTNATION 的女装及配饰原创品牌，其特点是走理智和优雅路线，以简单的基本款为主，面向新时代的知性女子。空间中大量运用垂直线条，这也是源自日本传统文化中竖线比横线更常见的习惯。白色的格栅是设计的关键点，它们将整个空间隐约地区隔开来。其实店铺的位置和环境说不上好，因为层高较低，内部进深较大，而格栅的设置就使得顾客在入口就可以对整个店铺内部一览无余，如果是实墙的话，空间就会看起来非常封闭和逼仄，很容易让顾客望而却步。白色的格栅让室内显得明快而敞亮，使顾客感到轻松的同时，也起到了引导的作用。同时，入口处的木材质和非直射照明的使用，也传达出一种温暖和欢迎的姿态。矩形的漆面板让人联想起古老的漆器，墙上的老式糊纸也是富于和风的装饰，这些元素结合在一起，使整个空间呈现出一种东西合璧的氛围。

而 ESTNATION 名古屋店则男女装兼营。在这里，设计师继续在空间区隔上做文章。通常店铺中将空间分割为几个区域最常用的就是墙，而在名古屋店的设计中设计师试图"反常规"而行。设计师采用了更为隐晦的方式来框出空间分区的轮廓——各种具有雕塑感的家具和建筑构件，比如蓝色的金属柱、胶粘叠层木柜台、固定在墙面上的红色储物柜，以及尖角形的饰面。这些元素会吸引顾客的注意力，在这个简单的空间中一些两色的运用就显得特别出彩。它们动感十足地引领着经过店面的顾客走进店中，没有墙的空间看上去开敞而毫无阻碍，让人不知不觉步入其间。对于商业空间设计而言，很重要的一点就是要促使顾客在店中多转转、多看看，从而激起购买的欲望，而不是进店扫一眼就走。将空间简单地按男女装分成泾渭分明的两块虽然功能明确，但未免刻板乏味。而穿行于光影迷离的镜面、柱子之间，如入迷宫幻境，则会激起顾客更多的兴趣和好奇心。END

# ESTNATION bis 新宿店

# ESTNATION BIS, SHINJUKU

摄　影 | Nacasa & Partners

地　点 | 日本东京新宿1-1-5 Nishi-shinjuku
面　积 | 264m²
设　计 | MOMENT
设 计 师 | Hisaaki Hirawata-Tomohiro WatabeClient：ESTNATION INC.
建造时间 | 2011年

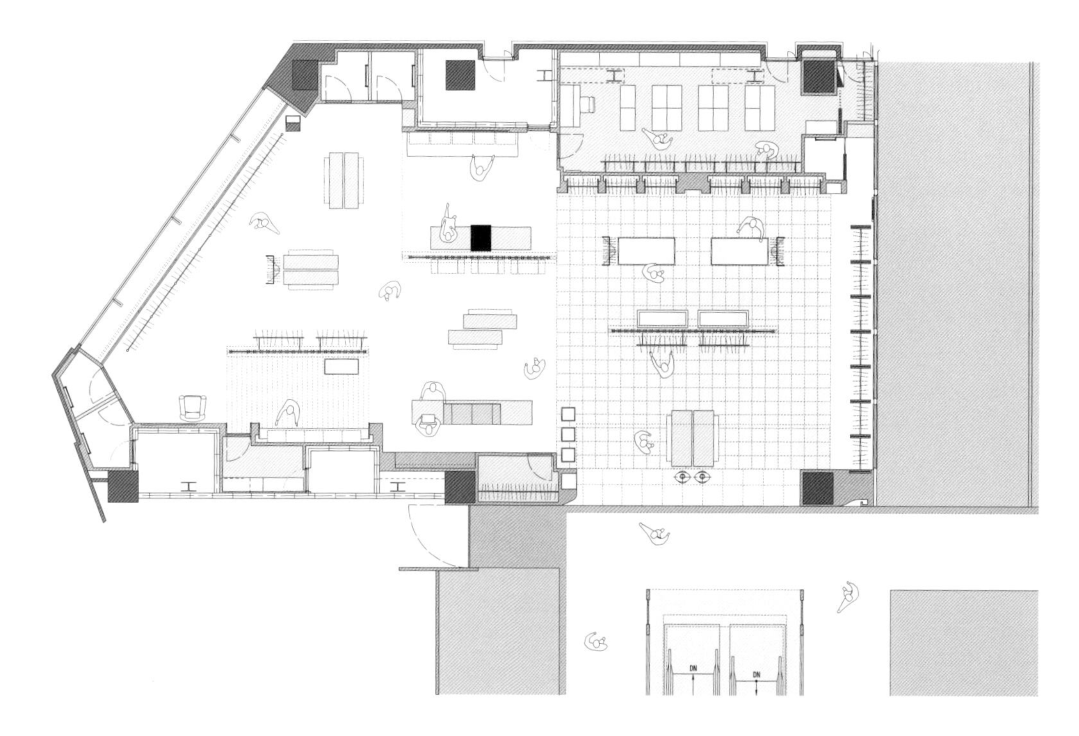

1　店铺 LOGO
2　店铺外观
3　平面图

| 1 | 3 |
|---|---|
| 2 | 4 |

1-3 白色格栅将空间分开，但又保持视线与空气的流动，让室内显得敞亮

4 格栅的光影效果

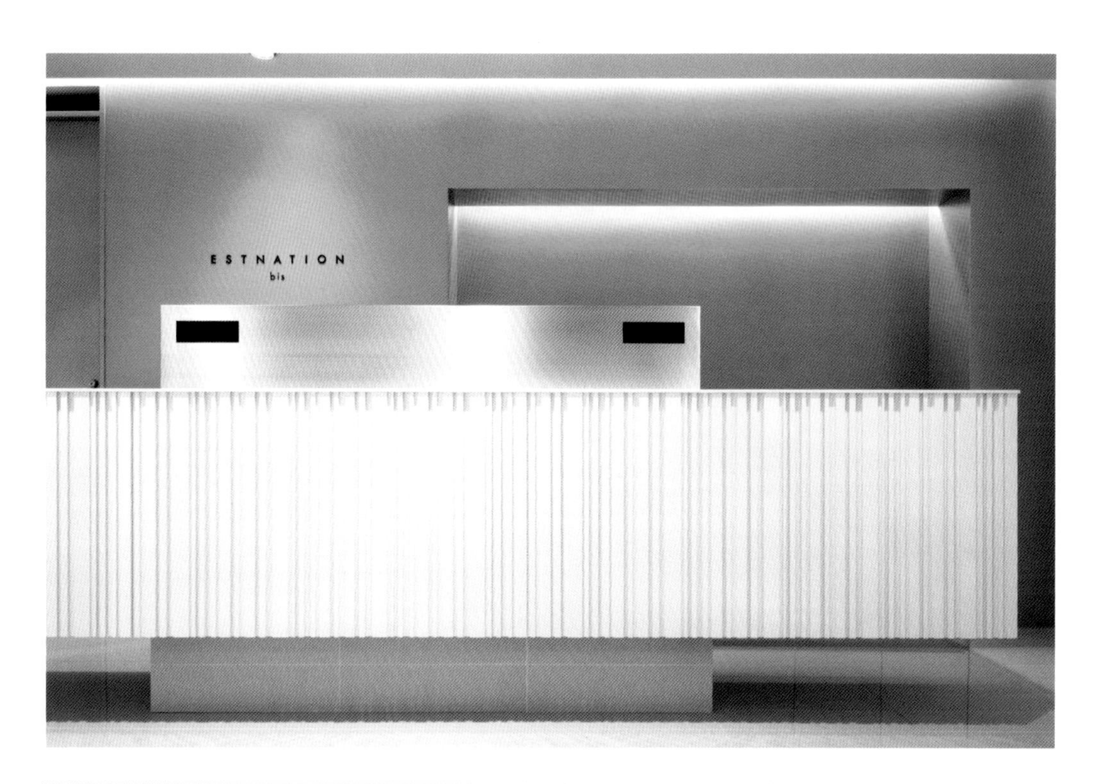

| 1 | 3 |
|---|---|
| 2 | 4 |

**1-2** 奢侈的展陈方式让货品显得身价不凡
**3** 非直射灯光让人感到温暖和亲切
**4** 店内一角

# ESTNATION 名古屋店
# ESTNATION NAGOYA

| | |
|---|---|
| 摄 影 | Nacasa & Partners |
| 地 点 | 日本爱知县名古屋市 3-6-1 Sakae Chuo-ku |
| 面 积 | 387m² |
| 设 计 | MOMENT |
| 设计师 | Hisaaki Hirawata, Tomohiro Watabe |
| 设计时间 | 2011年12月 |
| 竣工时间 | 2012年3月 |

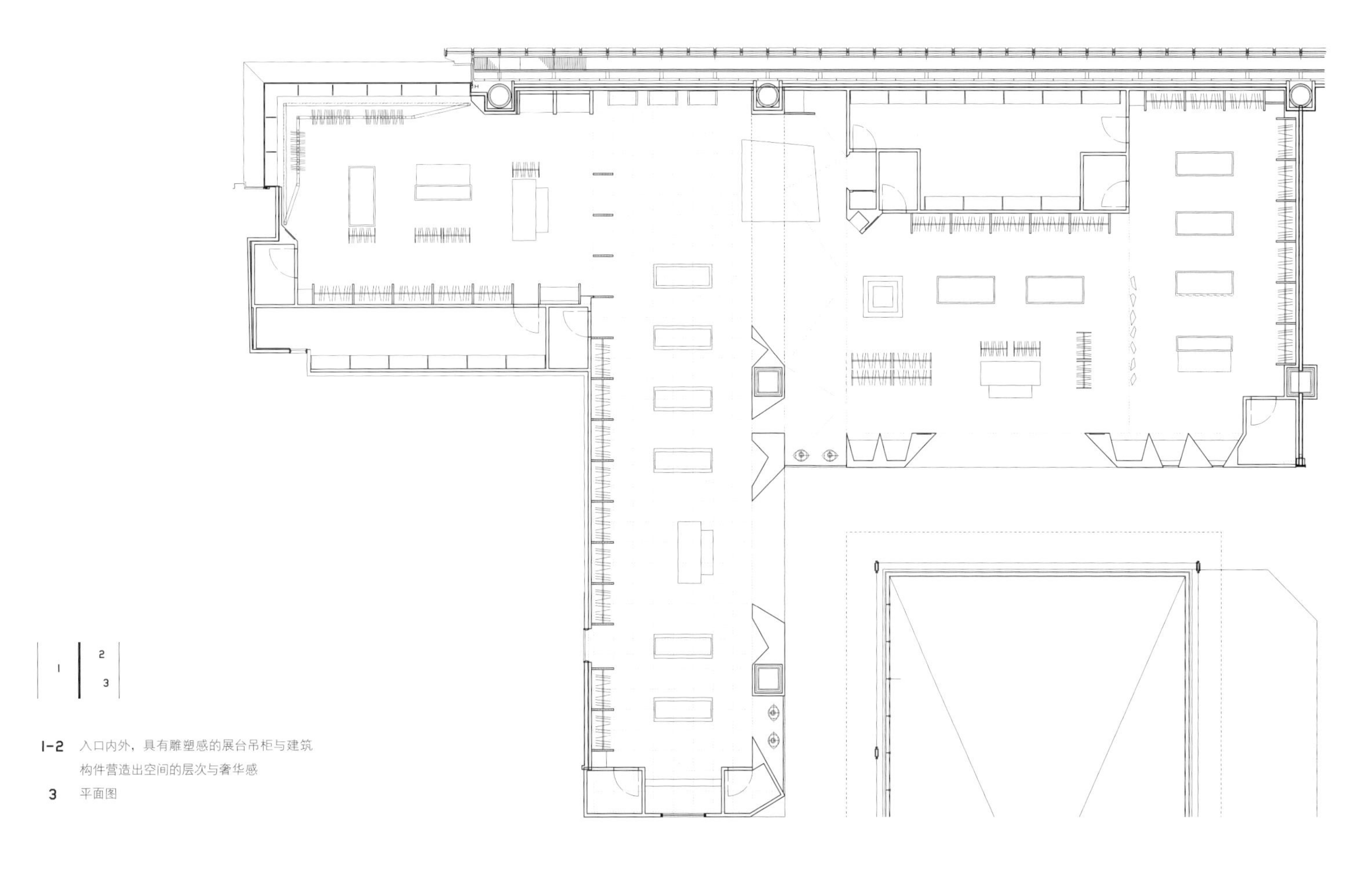

1-2 入口内外，具有雕塑感的展台吊柜与建筑构件营造出空间的层次与奢华感

3 平面图

| 1 2 | 4 |
|---|---|
| 3 | 5 |

**1-3** 尖角状的胶粘层叠木前台、尖角形的墙体与顶棚尖角状的灯具相互呼应，使空间呈现出统一的主题

**4-5** 男装区

ESTNATION

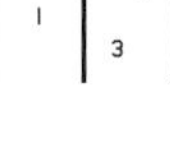

1–3　蓝色的镜面金属柱起到隔开空间的作用，但又不会使空间封闭，而镜面的反射更拓展了空间的视觉效果，并列造出千变万化、交相辉映的效果

# My Panda 时装店
# MY PANDA RETAIL STORE


撰　　文 | 银时
摄　　影 | Takumi Ota
资料提供 | TORAFU ARCHITECTS


地　　点 | 日本东京涉谷Parco Part 1大厦地下一层
建筑面积 | 44.3m²
设计公司 | TORAFU ARCHITECTS
设计时间 | 2012年6月～9月
建造时间 | 2012年9月～10月

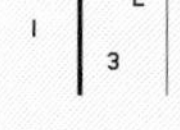

1 入口区，欢迎墙的熊猫图案引人注目
2 店内黄黑两色的“房子”作为主展示台
3 柜台一角

My Panda是一个时尚连锁零售品牌，其新店位于东京涉谷PARCO Part 1大楼，由Torafu建筑事务所设计。My Panda是Smiles'公司的子品牌，该公司旗下打造过“Pass the Baton”和“Giraffe”等时尚品牌，都比较成功。My Panda的服装以简约的双色搭配为基调，希望造就一个易于识别的时尚符号，Torafu建筑事务所将这一概念融入到店面设计中，使得品牌的个性更加突出。

一进店面，迎面而来的就是绘有店铺LOGO——熊猫图案的欢迎墙面。只有黑白两色的熊猫，可以说是My Panda双色设计产品的最佳形象代言人了。另外，因为这家店不在楼层的主干道上，所以设计师采用这种办法，希望视觉冲击感比较强的熊猫图案能吸引过往人流的注意。

进入店内，设计师进一步运用建筑语言来深化品牌形象。搭建了一个黑、黄两色；一半在店铺内、一半在店铺外的“房子”作为主展示台。店铺外的半片房子上，“窗户”被巧妙地设计为展示橱窗，窗子下部的公共长椅也是双色椅面，可供来往的人小坐休憩，也为店铺聚拢了人气；而在店铺内的部分则用作展示台和柜台。轻快、透明、辉煌、充满希望和活力的黄色，与神秘、黑暗、暗藏力量的黑色形成鲜明的对比，使“双色”的概念更加凸显。

喷漆的定向刨花板创造出了多种不同的展示设施。店内沿墙布置的弧形衣杆，看起来好像一条晾衣绳，弯曲的结构允许产品悬挂在不同高度，使其看上去更具节奏感。地板和家具选用了染色欧松板，也与店内的整体风格形成呼应。设计师还在店内布置了各种各样的植物作为装饰，以期体现出品牌的友好特质及亲和力。END

| 1 | 4 |
| --- | --- |
| 2 3 | 5 |

**1** 与品牌特征相契合，地板、台子均是双色设计
**2** 弧形衣架允许货品挂在不同的高度，富有节奏感
**3** 衣架上的镜子
**4-5** 店铺外的半片黑“房子”既是展示橱，也是供人暂坐的座椅

# Anthropologie 的唯美主义
## AESTHETICISM OF ANTHROPOLOGIE

撰 文 | 重阳

Anthropologie 创建于 1992 年，从属于 Urban Outfitters，其创始人 Richard Hayne 将其定位于舒适而时尚的城市风格。到今天，Anthropologie 在美国已经成为了一个家喻户晓的中高档休闲女装和家居产品的零售品牌，产品涵盖了服装、厨具、床上用品、配饰等等，设计感十足，往往都有一种复古而优雅的气质。Anthropologie 的口号是他们销售的是一种生活态度，而不只是简单的商品。

Anthropologie 极其重视其专卖店的店面设计。Anthropologie 是零售业首倡不打广告的先驱，而进店顾客的停留时间却比其他的同类连锁店更长，这里面至少有一半要归功于他们成功的店铺设计。近在美国本土，Anthropologie 已经有近百家分店，目前还在向欧洲进军。每个店铺都由专业设计师打造，总体风格统一但细节却绝不雷同，使得每间店都有自己独特的风格，展现不同的主题。因此，Anthropologie 的设计在行业内也多被奉为经典。

为了保持品牌形象，Anthropologie 避免将店铺开在封闭的购物中心里，更倾向于街道边的店铺或一些开放的商业中心。室内设计往往带有唯美主义的色彩，同时又富有生活气息。木质的地板、原始的碎花、繁复的吊灯，店铺陈列带着浓浓的波希米亚风格。女装价格从 100 美元到 500 美元不等，面向家庭总收入在 20 万美金以上，受过高等教育，有教养、追求独一无二的设计的职业女性。家居系列产品大至沙发小到盘子，目标也是中产阶级，价格比 Urban Outfitters 本牌、BCBG、CK 之类的要稍微高一点。Anthropologie 的橱窗设计也是由专业团队打造的，带有品牌强烈的个性和设计感，比如运用衣架和折纸在服装的搭配中产生强烈的视觉效果，成为一件件橱窗中的艺术品。而从纸样中走出的模特橱窗则将时装的设计生产过程艺术化，让消费者可以更加理解他们将要购买的时装。

我们所选取的三家 Anthropologie 分店可以说非常有代表性，都是由 Elmslie Osler 事务所（EOA）设计的，时间跨度从 2007 年直到 2012 年。这家事务所与 Anthropologie 已经合作了 6 家分店，对于 Anthropologie 的风格已经了解得很透彻，而且 Elmslie Osler 作为女性设计师，其细腻而富于情感的设计也更容易与 Anthropologie 这个女性化的品牌相契合。在这三家分店设计中，我们既可以看到统一的原生态和乡村元素，也能看到各家店铺设计中明显与在地环境相呼应的努力，最终融汇出各具风情的唯美情调。

# Anthropologie 伯灵格姆店

## ANTHROPOLOGIE BURLINGAME

撰　　文 | 重阳
摄　　影 | Troy Williams
资料提供 | Elmslie Osler建筑事务所

地　　点 | 美国加利福尼亚州伯灵格姆
建筑面积 | 929m²
设计公司 | Elmslie Osler建筑事务所
竣工时间 | 2007年8月

伯灵格姆（Burlingame）是加利福尼亚旧金山的一个小镇，城区建筑秀美精致，明媚的阳光更是这里的特色。Anthropologie 在此地的分店，其设计充分参考了场地的文脉、周边的景观，更将北加州特有的艳阳融入设计中，作为该分店的个性标识。

建筑旁边是一家银行和干洗店，都是一入即出、人们不会在此停留的所在，而 Anthropologie 就成了一个将此处变为人们驻足之所的契机。在这里，人们可以有一个户外小坐碰头的地方，也可以闲聊、闲逛、买买东西。这一片区域的建筑大多数只有两三层高，所以设计师将整个建筑和材料选择都保持在一个比较宜人的尺度上，同时创造出丰富的表皮纹理。

立面组织有着分明的层次，半透明和实心的部分交织在一起。蚁木和铜杆构成的木格栅与水泥隔板相交叉，木格栅背后是打孔隔层，而水泥板上每隔一定的距离穿插有填充树脂材料的窄缝。透光的木格栅使整个建筑看起来非常轻盈。入口上方，折起来的木格栅形成了一个小的天蓬，并延伸进室内，将建筑立面的设计向室内延续。水泥表皮的材料实际上是一种锯齿状的瓦，与建筑上部的材料一致，只是做成了看起来更小的、像是堆在一起的窄条的样子。这种做法打破了材料沉重的体量感。

表皮为建筑带来了丰富的感官体验，并且这种体验是随着时空的变化而变化的。从室内看，格栅和水泥墙阻止了日光大面积的直射，但其透光的做法又引入了丝丝缕缕的光线，带来充足的采光；而从室外看，材料的转换为立面带来了韵律感。沿街而下，人们可以发现店铺的外立面从木材质变为水泥，而后在入口处又变为木质，接着又变回水泥，最后仍回到木质。到了夜晚，木格栅透出微光，使其显得更轻更有悬浮感，仿若轻纱做成的帘幕；而水泥表面上的窄缝也被点亮了，将普通的水泥点缀得不再单调、充满动感。再加上精美的橱窗，整个店面看起来宛如一幅优美的油画。

立面为整个建筑带来了活力。从不同的方向、不同的角度看，表皮的纹理也不同，而且随着材质的变化，建筑也或进或退。水泥的部分向前伸进与基线平齐，木质的部分则向基线反方向缩进。这使走过这一片长长的店面的人产生丰富的视觉和空间体验。而内凹的部分还可以放置座椅，行人可以在此小坐、聚头，场地的气氛得以活跃，从而让这片区域变得人气十足。

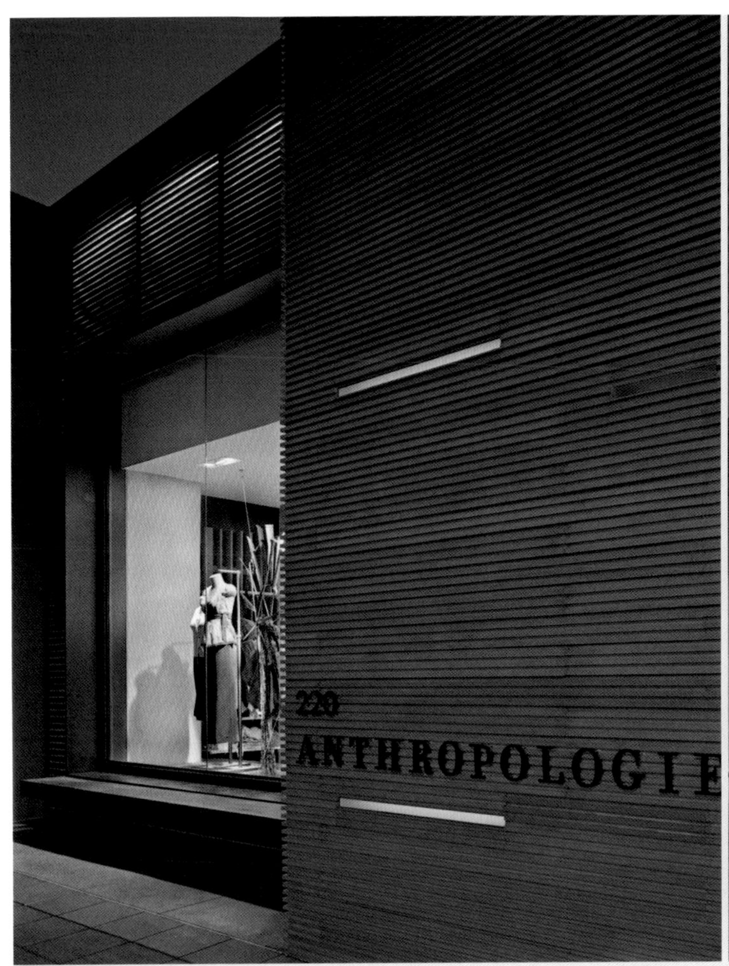
220
ANTHROPOLOGIE

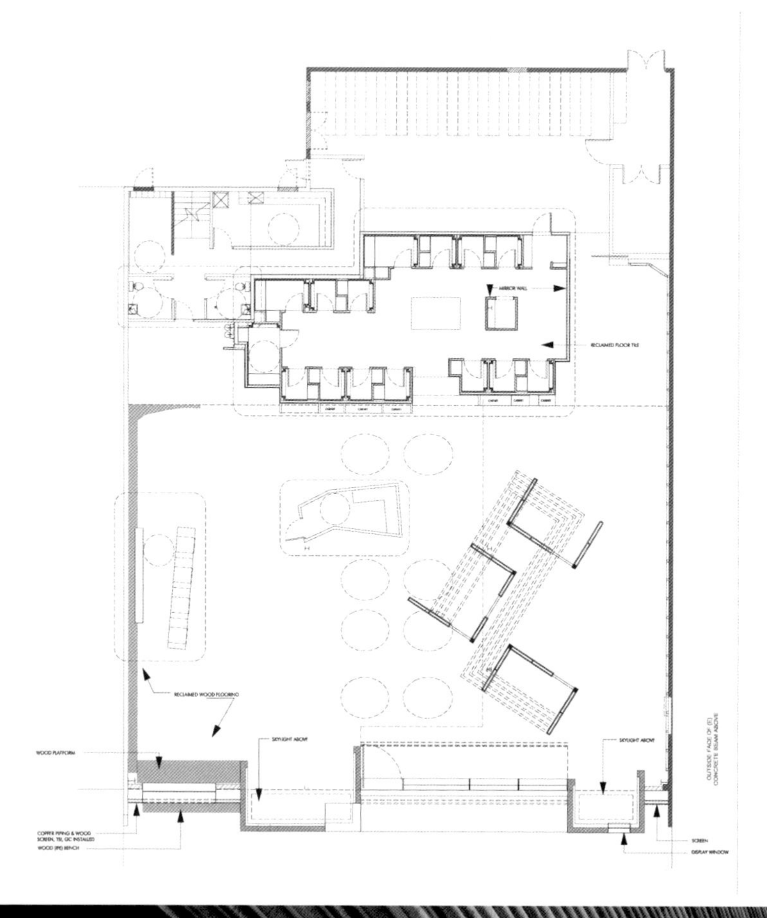

| 1 2 | 4 |
|---|---|
| 3 | 5 |

**1-3** 夜景透光设计使整个建筑看上去十分轻盈，店内场景更加鲜明
**4** 平面图
**5** 木格栅与玻璃橱窗及墙面的衔接

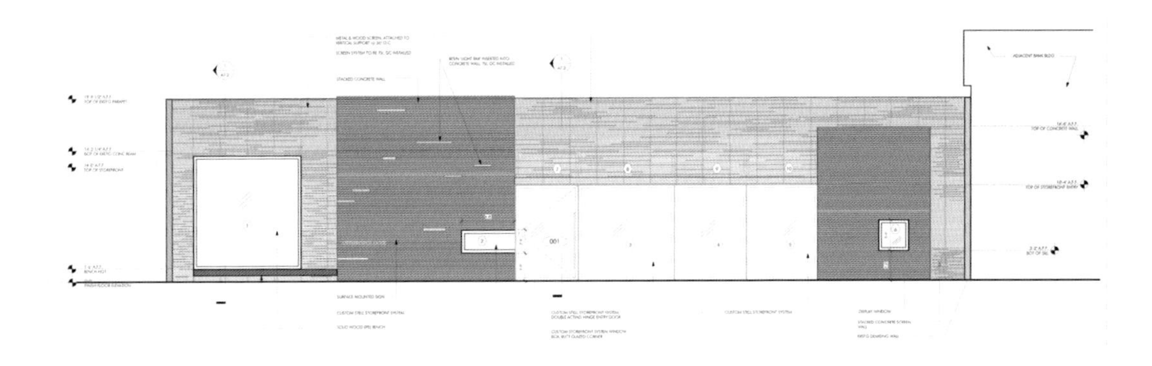

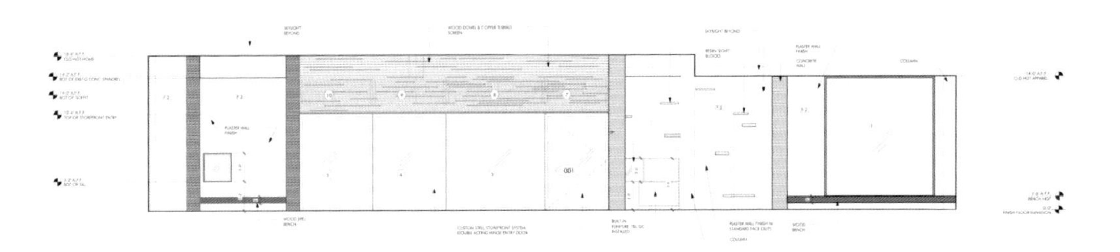

1
2
3

1 外立面
2 内立面
3 入口处室内

# Anthropologie 阿尔布开克店

## ANTHROPOLOGIE ALBUQUERQUE

撰　　文 | 重阳
摄　　影 | Robert Reck
资料提供 | Elmslie Osler建筑事务所

地　　点 | 美国新墨西哥州阿尔布开克
建筑面积 | 929m²
设计公司 | Elmslie Osler建筑事务所
竣工时间 | 2009年5月

Anthropologie 在新墨西哥州阿尔布开克（Albuquerque）的分店面临的挑战是成本控制的问题。立面装饰的预算只有5万美金，要怎样才能把好钢使在刀刃上，是设计师最费心思的地方。

EOA 的应对方法是在店铺入口上大做文章。他们将入口做成了整个建筑物的焦点。入口的饰面材料是回收再利用的竖木板、黑色钢板以及混凝土，整个入口的建筑体块竖立在街面上，看上去像一个被玻璃框起来的大盒子。

当人们经过这个盒子时，视线被向中间倾斜的墙面所牵引，会不知不觉向店内集中，室内的境况就成了透视聚焦点。这让路过的人会不由自主产生进入店铺的愿望。而一进店门，是一个和外门洞成镜像对应的内门洞，只是外门洞向中心会集，而内门洞向两边扩散，引导人们在进入的过程中，视角越来越开阔，一个充满惊喜的店内世界逐渐向来访的客人展开。较之一进店就一览无余的情况，这种布局更容易激起顾客的新鲜感。

室内外入口区域的门洞厚厚的墙壁上，都开凿着高低各异、大小不一的窗，透过窗体的匆匆一瞥，店内或店外的场景如一帧瞬间取景的照片，让人们在浮光掠影中保持与室内或室外的视线交流。到了晚上，外门洞周边的灯散发出柔和的光芒，消减了建筑的体量感，使整家店铺那种飘飘欲仙的悬浮感更为突出。仅仅通过对入口的处理，就使店面无论在白天还是夜晚都极富吸引力，无论在室内还是室外都能获得富于趣味性的空间体验。

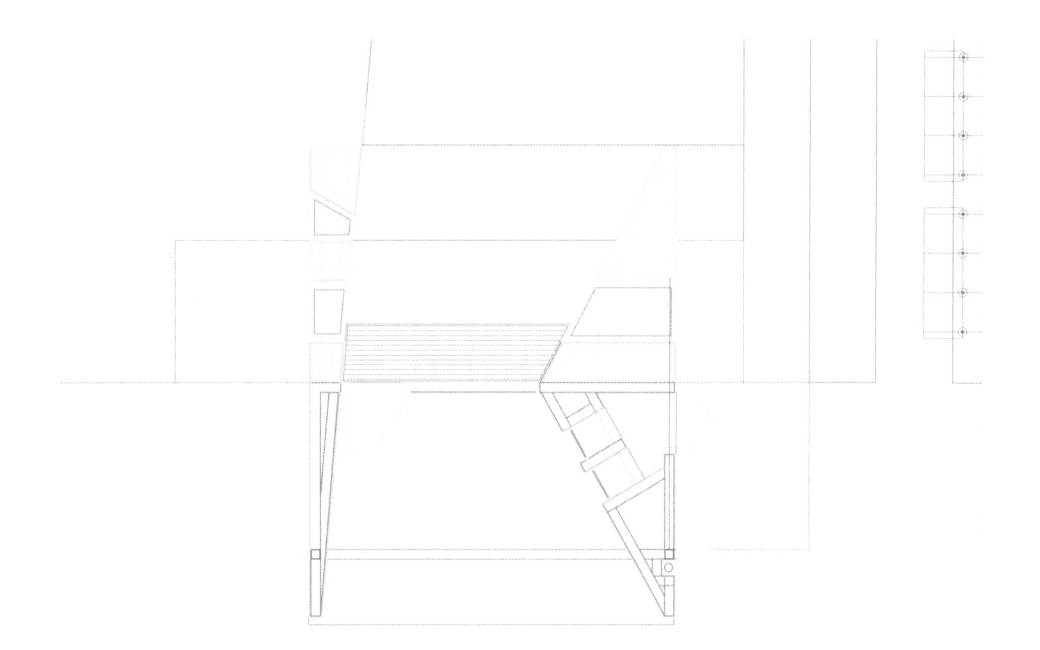

1　平面图
2　入口门厅
3　入口的墙孔洞
4　店内入口区域

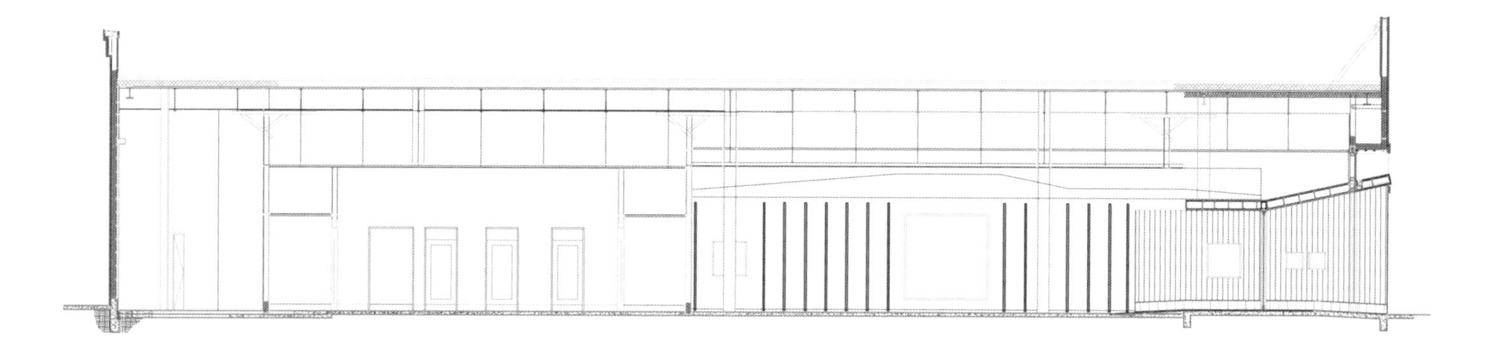

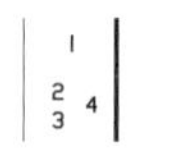

1　立面图

2-4　室内入口有着与室外相呼应的结构，墙面上的窗洞使空间通透，使视觉层次更丰富

# Anthropologie 俄克拉荷马城店

## ANTHROPOLOGIE OKLAHOMA CITY

撰　　文 | 重阳
摄　　影 | Troy Williams
资料提供 | Elmslie Osler建筑事务所

地　　点 | 美国俄克拉荷马州俄克拉荷马城
建筑面积 | 929m²
设计公司 | Elmslie Osler建筑事务所
竣工时间 | 2012年1月

Anthropologie 连锁店的设计通常每一处都各有不同，往往能反映出所在城镇或街区的独特气质。经由大相径庭的材料打破与空间组织，即便出自同一设计师之手，也不会产生两家雷同的店铺。

Anthropologie 俄克拉荷马城店位于俄克拉荷马城（Oklahoma City）的 Classen Curve 商业中心，该商业中心由当地设计师 Rand Elliot 设计，与我们在国内常见的封闭于一幢大楼内的购物中心不同，而更像是产业园的模式，各家店铺散布在户外的场地上。

中心的管理者要求店铺立面选用材料需经核准认可，并且色调也有所限制，以与原有的长长的悬挑出檐相和谐。于是，设计师选用回收再利用的雪松木做表皮饰面，以削弱巨大的屋顶带来的压迫感。在建筑体的南角挖出一块，做成一个有顶的内凹，形成店铺入口。而后，设计师在此植入了一个带有无框玻璃门和展示窗的玻璃立方体，创造出一种“珠宝盒”般流光溢彩的效果。入口顶部的黑色铁皮与条状照明设备交错，与整个立面的纹理形成呼应。直达入口内凹区底部的榆木板向内延伸进店铺里面，围合出一片独立的圆形区域，将室内和室外连接起来。

建筑的外墙被予以增厚处理，以便挖出壁龛，放置内置的货架和展示橱窗。这些壁龛都不是横平竖直的，而是倾斜于墙面垂直线，这是为了打破建筑原有的刻板的长方形体量。店铺内部，一个巨大的天窗中投下灿烂的阳光，照耀着一个草木葱茏的室内花园。花园被黑色的铁架和回收雪松板包围，一部分雪松板被放置在地面上的雪松木盒子上，形成高低错落的节奏感。这个围合区域中可以举办一些特定的营销活动，同时也在比较大的室内空间中营造出空间流线。END

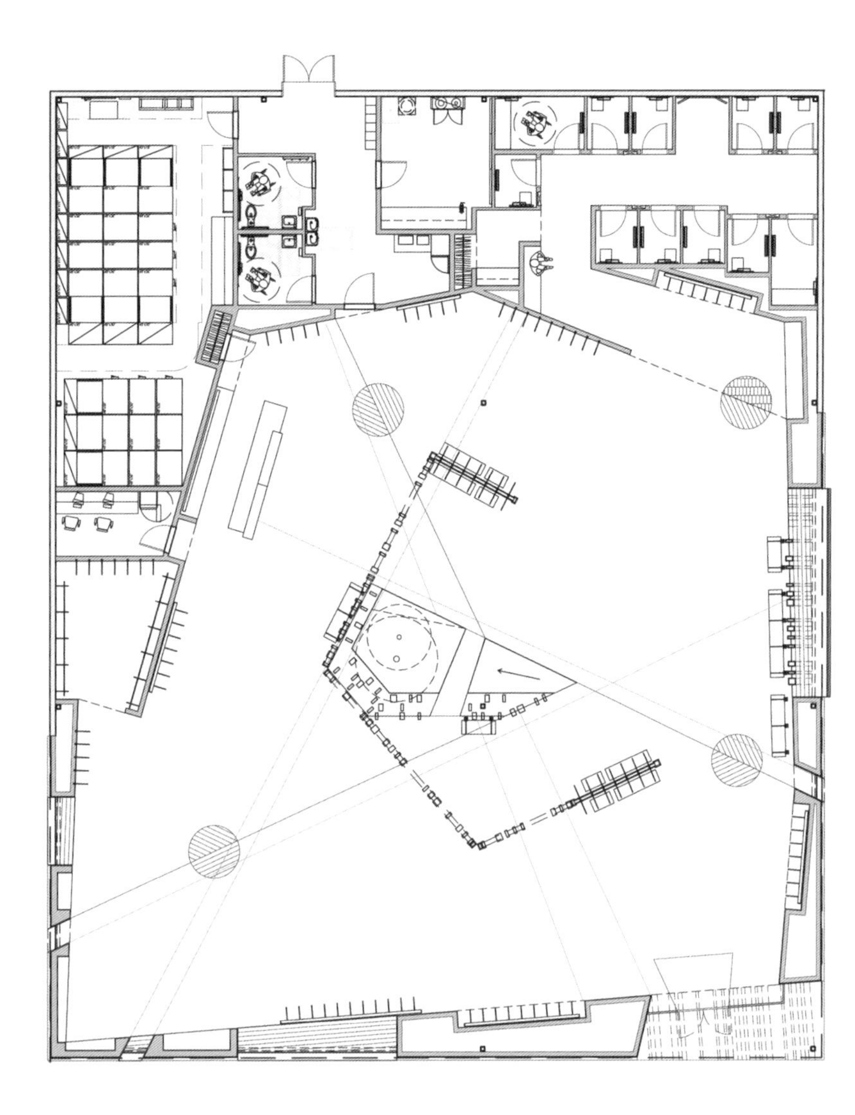

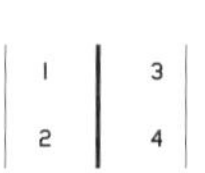

1 平面图
2 夜景
3 入口处搭建出一个“玻璃盒子”加强展示效果
4 入口门厅顶部条状的照明设施

ANTHROPOLOGIE

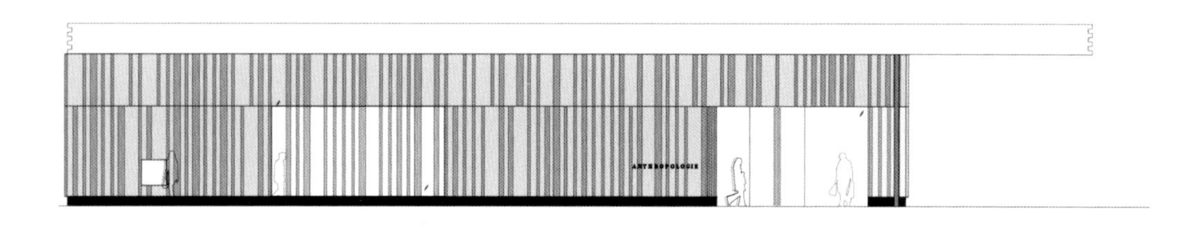

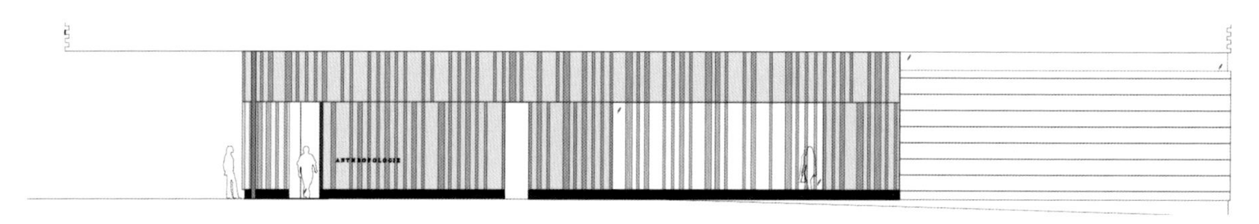

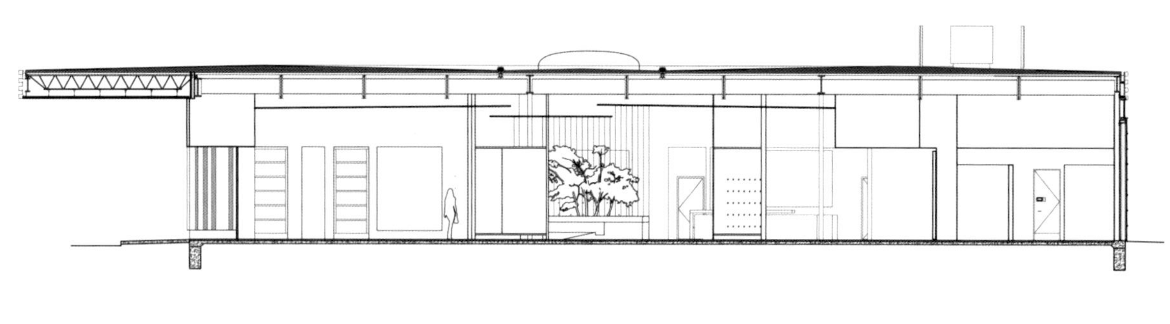

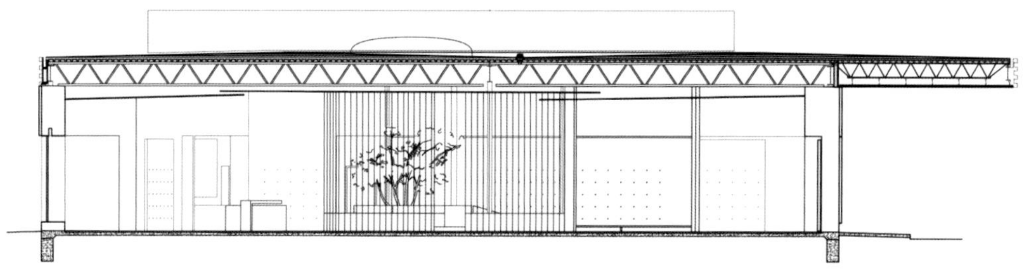

| 1<br>2<br>3<br>4<br>5 | 6<br>7 |
|---|---|

**1-2** 立面图
**3-4** 剖面图
**5** 长短不一的雪松木板围合出室内花园
**6** 加厚的墙壁挖出壁龛，活跃了空间
**7** 围合出的特别展示区

主题

# 第五大道修鞋摊概念店

# FIFTH AVENUE SHOE REPAIR CONCEPT STORE

撰　文 | 藤井树
资料提供 | GUISE

地　点 | 瑞典斯德哥尔摩市
设　计 | GUISE

1 简洁到只剩下线条的空间
2 橱窗
3 鞋子摆放细节

高级时装品牌“第五大道修鞋摊”（Fifth Avenue Shoe Repair）概念店位于瑞典斯德哥尔摩市时尚中心区，其室内设计旨在满足零售空间的商业功能，但首要保证空间感与品牌形象相符。“第五大道修鞋摊”这个品牌名称来自创始人之一Lee Cotter，他在伦敦的第五大道碰上一对父子摆摊给人修复昂贵鞋子，他们自认为是设计师，用一种和设计相同的方式在新形式中重塑古老构思;与此相承，“第五大道修鞋摊”品牌服饰的设计手法也是对传统服饰进行解构重塑，进而创造出全新的混合体服饰。

GUISE将这种解构主义的手法沿用进了概念店的空间设计中，白色背景和黑色货架形成了鲜明对比，巧妙布置的货架将服装和配饰像艺术品而非消费品一样展示出来。为满足零售空间的商业功能，原先的建筑空间被重构，空间中陈列的家具在视觉上有种似是而非的矛盾感，设计师选择一个黑色双螺旋楼梯作为空间的主要形态，从地面一路盘旋到屋顶，这看起来应该是一个楼梯，但他们显然是为展示皮带、手袋和鞋类所用。Guise创始人之一Jani Kristofferscn，对此解释道:“为了让螺旋形适应、满足各种功能需求，满足展示产品的商业需求，我们必须改变楼梯原本的形态，但这样做同时也是为了赋予这个装置与众不同的个性。”Guise另一位创始人Andreas Ferm对此作了进一步阐释，“因为空间的主要形式是折叠与旋转，当人在店内穿越，服装和饰品也随之被隐藏或展示，旋转的形态旨在为顾客创造一种更富于动态变化、充满活力的购物体验，我们试图营造出一种经过确切定位的空间体验。”

除螺旋状楼梯外，360×360×360（mm）的纤细钢材框架组合成的一个个立体空间矩阵则满足了灵活的陈列及存储需求，使空间更具延展性；矩阵货架上的黑色薄钢板作为展示平台，可灵活地拆卸、安装、改变位置，

货架的视觉体验和功能性(展示、分类、整理)也由此可轻易得到彻底的定制和改变。悬挂于货架下的衣物可从两个方位进行陈列，或沿着墙壁，或旋转90°面向顾客。不仅螺旋形楼梯和矩阵货架是量身定制，收银机、试衣间、门和镜子也都是为强化整体的购物体验而特别定制的。在这个简洁到只剩下线条的空间中，定制的货架和镂空的钢椅，与衣饰相呼应，形成了错落有致的秩序感。END

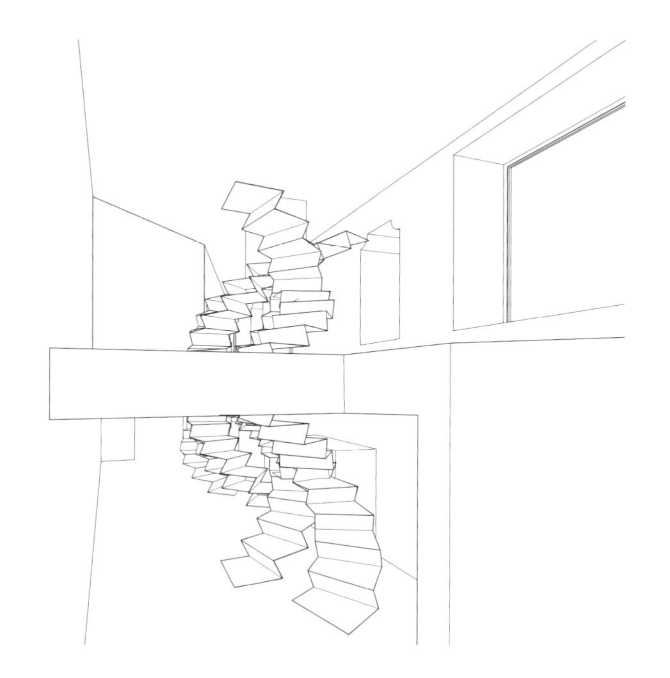

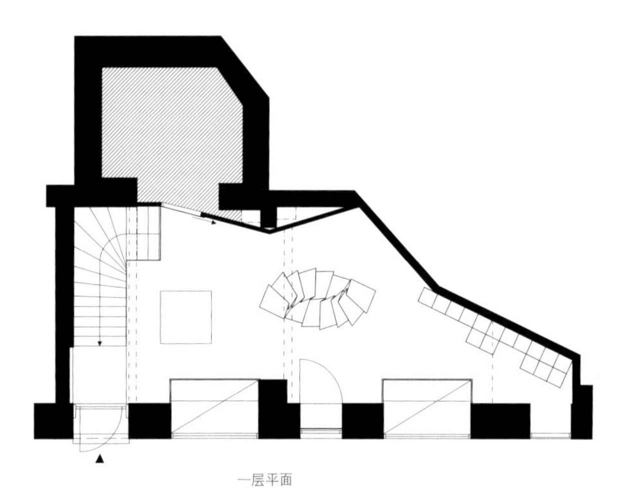

一层平面

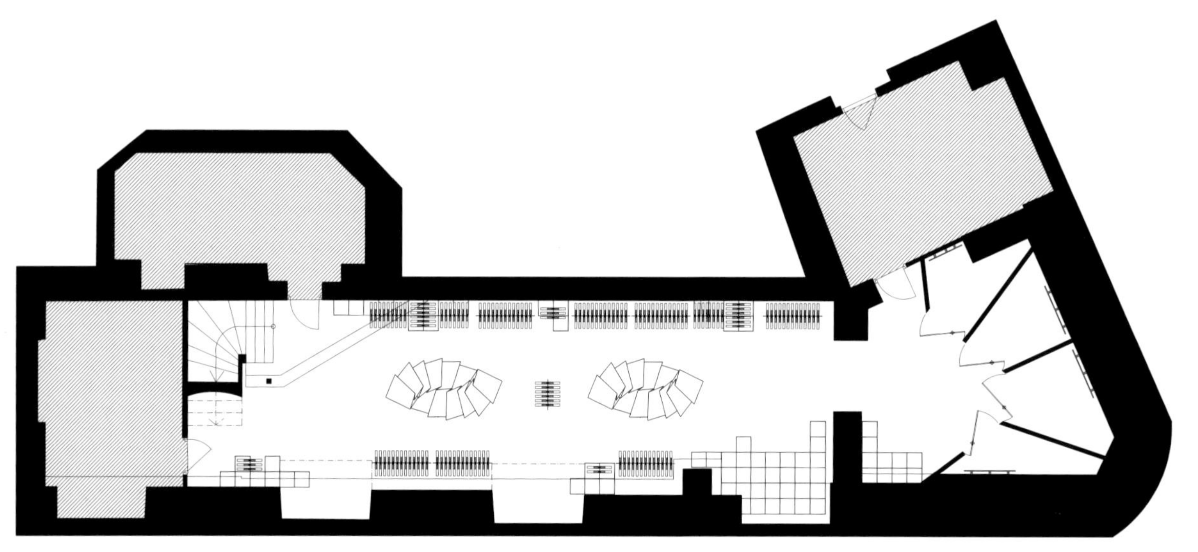

二层平面

1 | 2
3

1-2 黑色双螺旋楼梯是空间的主要形态
3 平面图

| 1 | 3 |
| --- | --- |
| 2 | 4 5 6 |

**1-3** 螺旋楼梯和矩阵货架将衣饰及鞋子如艺术品般展示出来
**4** 折叠与旋转的空间形式给予顾客更富于动态变化的体验
**5-6** 试衣间与楼梯也与整体空间风格一致

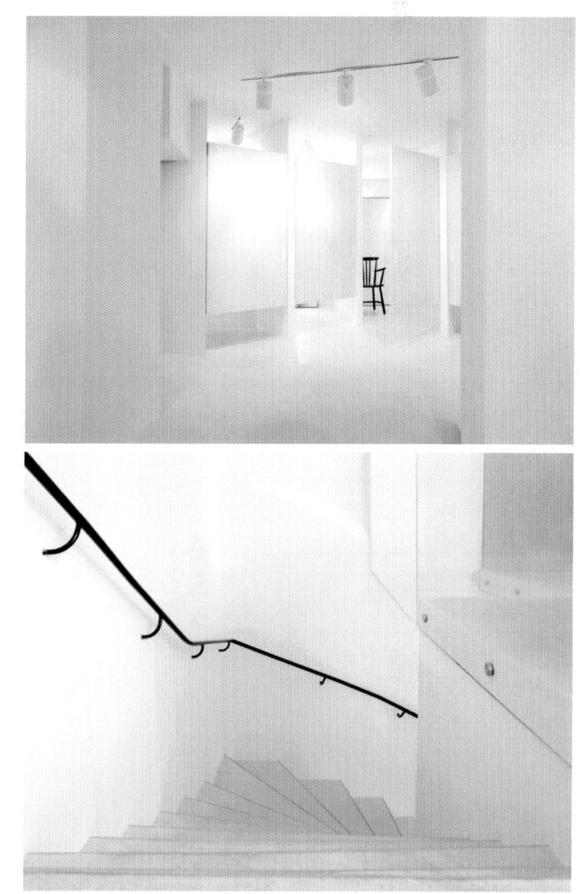

# Hi-Lo 女装店
# HI-LO STORE

撰　文 | 银时
摄　影 | Jomar Bragança

地　点 | 巴西Belo Horizonte, Minas Gerais
面　积 | 110m²
设　计 | Architect David Guerra
设计团队 | David Guerra, Gisella Lobato, Nínive Cardoso, Raíza Constança
竣工时间 | 2011年

Hi-Lo 女装店，从名字上就可以看出，这是一家走"High and Low style"路线的女装店。所谓"High and Low style"，即近年时装界大热的混搭风，讲究的是将各种不同风格、材质、价位的服饰——上至高端的国际大牌，下至地摊货——完美地搭配于一身，不流俗而又不能显得突兀难看，这需要搭配者具有极高的审美水准和对时装的精确把握。Hi-Lo 女装店汇集了风格截然相反的知名品牌和作坊私产女装，还掺杂着青春品牌和日用基本款。针对这样一家女装店的特色，整个室内设计的概念也是由"High and Low style"引申而来，体现出色彩、材料以及感官体验的强烈对撞。

当设计师接手这个项目时，面对的是一个烂摊子。在此前的十年间，这个空间几经易主和改建，从沙滩服装店到男装店再到折扣店，内部空间已是乱得一塌糊涂。因此虽然位置很好，却空置了两年。业主希望能将这个店面打造成一个浪漫而别致的场所，并且这种浪漫和别致要用时尚的手法来诠释。业主理想的店面，是一个精美、流畅、有女人味的空间，顾客在这个空间中要感到非常自在，同时又能燃烧起购物的激情和兴致。这一理念奠定了空间设计的两个基调——白色浪漫系与红色激情系。

在店铺的正面，40cm×40cm 的白色镂空花纹网格表皮与红色金属梁架形成对比，给人以强烈的视觉冲击，吸引了过往人群的视线。进入店内，服装展示区以白色为背景，而装饰在墙体上的网格状银色贴纸，和展示架的花卉主题面板，使这片白色不至于单调，而是富有浪漫色彩。顾客们在这种浪漫而温和的环境中，可以自在地选购货品。特别要提到的是网格墙饰，这是艺术家 Léo Piló 和他的纸回收社团的作品。他们以极低的成本，让废弃的纸壳变身为优雅的饰物，充分发挥了混搭主义化腐朽为神奇的魅力。

而在试衣间和化妆间区域，红色和粉色成为了主色调，渲染出充满诱惑、魅力、激情和性感的氛围。置身其间，顾客仿佛进入戏剧世界，红色的帘幕、内嵌纽状装饰的试衣间面板、非直射照明、多重镜像、缎面沙发、复古的吊灯和书架组合成一个舞台，而顾客则是台上的明星。在这里，设计师再次发挥了动手能力和创造精神，由于预算无法支付真正的红水晶吊灯，于是，设计师购买了造型更时尚的普通水晶吊灯，然后聘请了一位艺术家将其涂成红色。

改造后的空间中，随处弥漫着"High and Low style"的气息，其所主张的个性、对比、趣味、品位等精神都得到了实实在在的贯彻，不炫富亦不媚俗，不平庸亦不怪异，与展示的服装相得益彰，真正将混搭进行到底。END

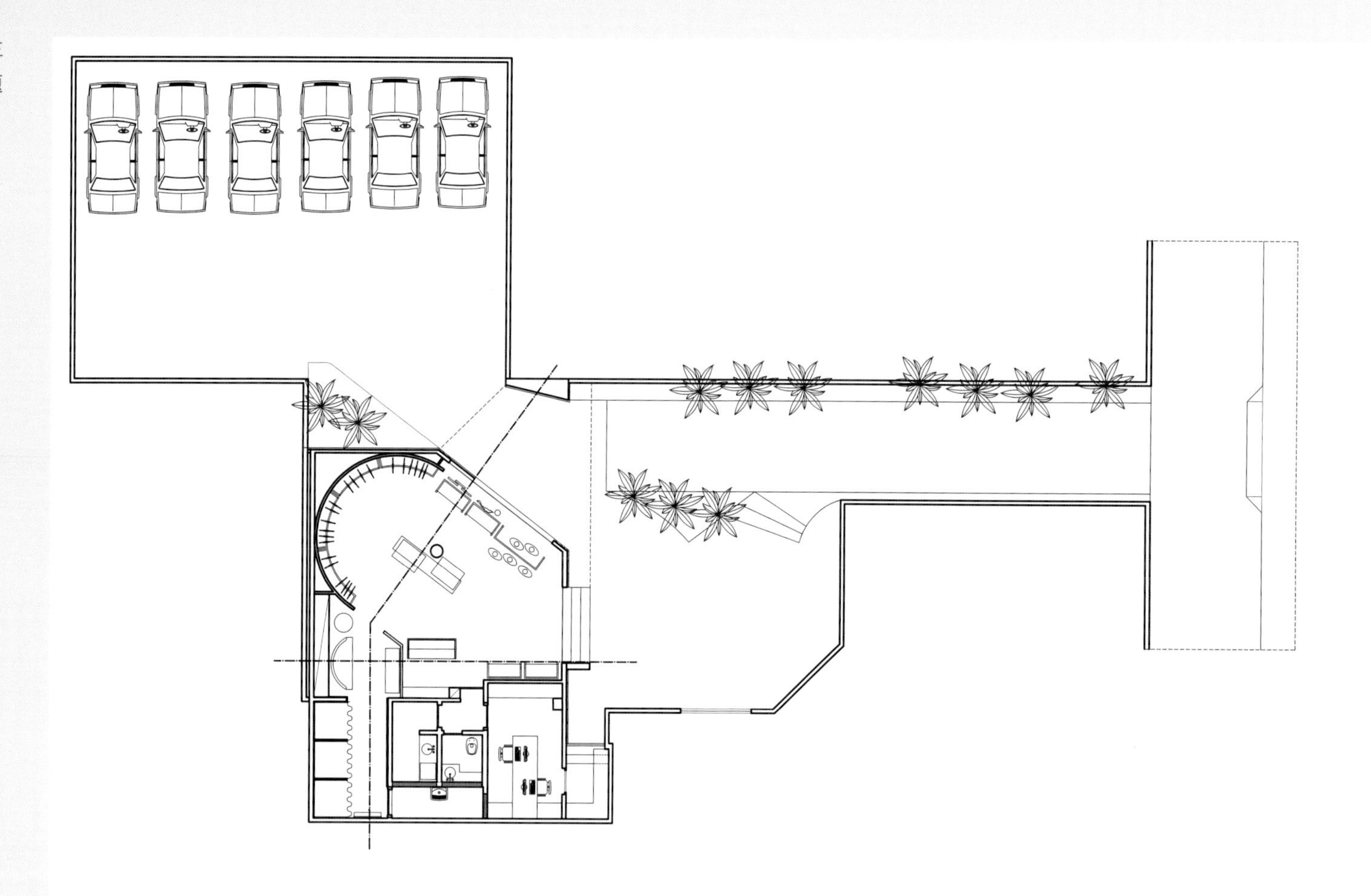

| 1 | 3 4 |
| --- | --- |
| 2 | 5 |

1 平面图
2 白色系的服装展示区
3 网格状银色墙贴纸
4 柜台
5 展示柜面板以清雅的花卉为主题

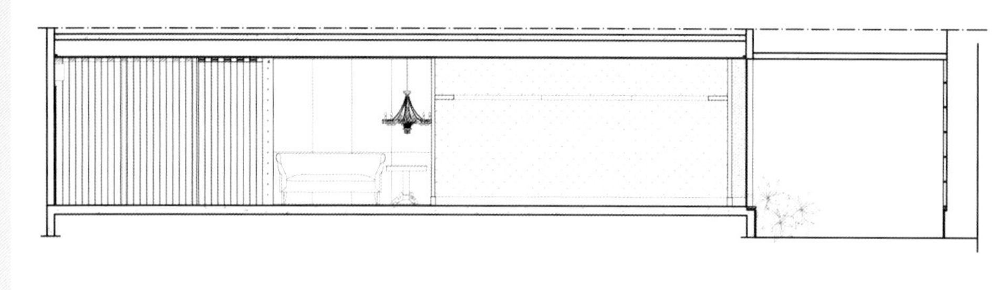

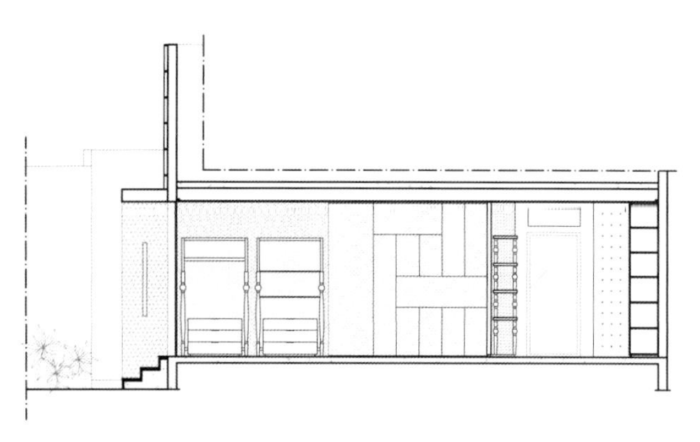

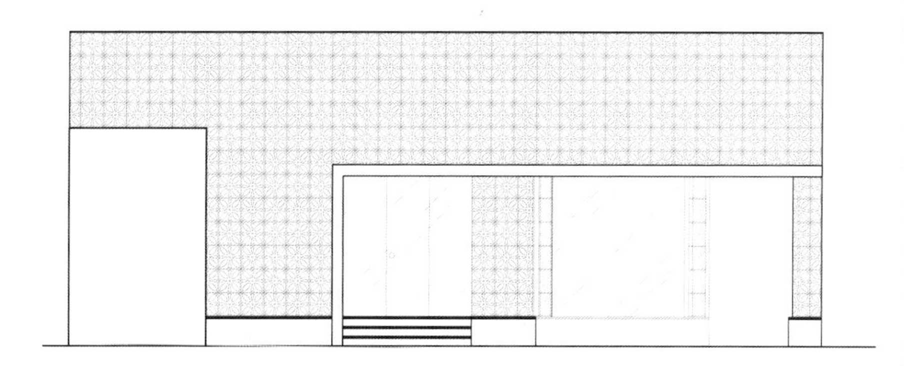

| 1 | 3 |
| --- | --- |
| 2 | 4 |
| 5 6 | 7 8 |

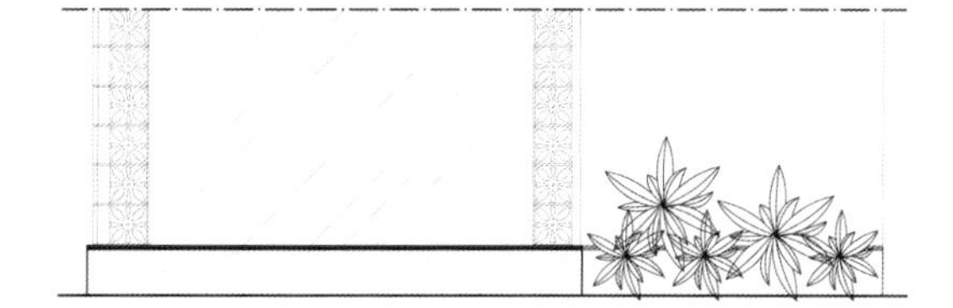

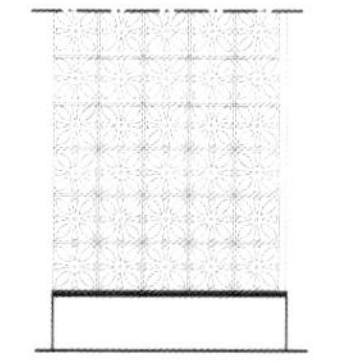

**1-2** 剖面图
**3-4** 立面图
**5-6** 红色系的试衣及化妆区，充满诱惑和激情
**7** 复古的置物架
**8** 卫生间

# HEIRLOOM 概念零售店

# HEIRLOOM LUXURY BAG STORE


撰　　文　银时

摄　　影　Derryck Menere

资料提供　Dariel Studio


地　　点　上海马当路245号，新天地时尚

面　　积　50m²

设　　计　Dariel Studio

竣工时间　2011年

1 繁星般的墙面装饰
2 店面外观
3 把手上的 LOGO

2011 年 12 月，Heirloom 为上海的时尚购物达人带来了全新的概念零售店。该店位于上海新时尚代表的中心——新天地。这家概念零售店被打造成首家以全系列皮革配饰为主打的品牌零售店。基于 Heirloom 品牌此前的店铺概念，设计师不仅使这个空间延续了其品牌概念，更完成了令人惊艳的转身。

设计概念反映出超现代的奇幻世界和经典零售空间的现实主义间的完美融合。

设计师面对的首要挑战就是空间的狭小，整个空间不到 $60m^2$。因此，店铺设计的潜在概念是重塑一个购物空间，使消费者感觉处于充满现代感却不失优雅的闺房，能够完全沉浸于舒适有趣的购物环境中，以期能暂时远离现实生活的硝烟。

穿过古典的金属色大门，顾客象是瞬间掉进了一个幻想的世界。从接待台延伸出去的黑白条纹相间的大理石地板，通过接待台的反射，为空间创造了一个全新的透视视角以增大空间感。

运用具有装饰艺术感觉的灰色作为墙面，配以云朵状花边的白色漆框，来展示一系列独特的手袋精品。这些云朵状的漆框是特别为契合 Heirloom 品牌感觉而设计的，用奶白色的材质衬托出奢华的氛围。深色的橡木定制挂包架，灵感来源于女士的衣架，不仅是手袋展示的一种创意变化，而且也重新定义了私密的闺房概念。独特的室内装饰设计完全为配合这个空间而量身定做。

新店的亮点是隐于空间角落，静静地被金色不锈钢围拢成一个圆柱型的空间，意为独特而私密的闺房设计。墙上随意地镶嵌着一个个金色铆钉，远望像被吹起的金粉散落在墙上，又似繁星点点，这使得这个独特的闺房设计更加优雅梦幻。奢华的触觉感受更邀请顾客能自发地探索产品，享受一个私密而愉悦的购物体验。END

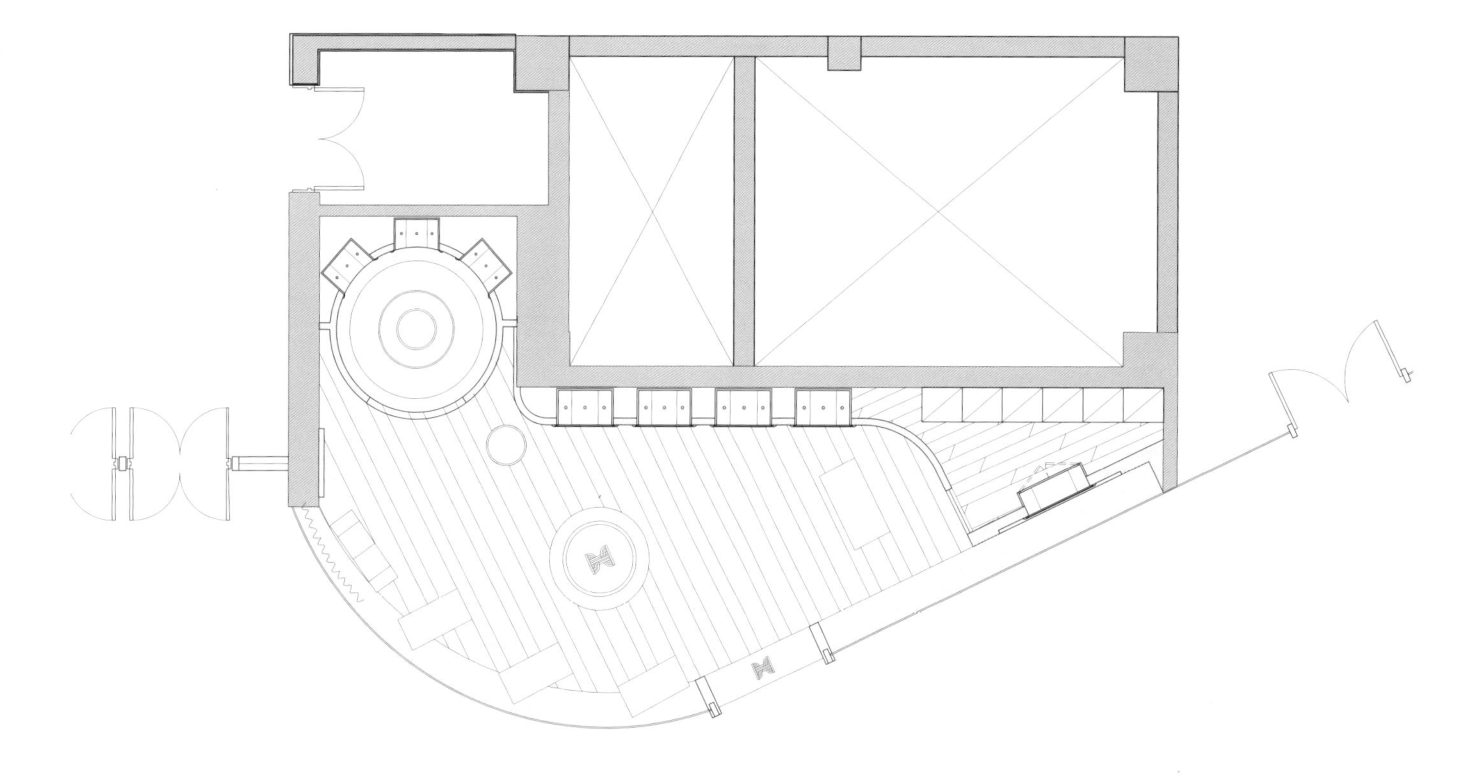

| 1 | 3 |
|---|---|
| 2 | 4 |

1　平面图
2　接待台反射着黑白条纹的大理石地板，增大了空间感
3　定制的橡木挂包架
4　白色边框的展示橱衬托出奢华感觉

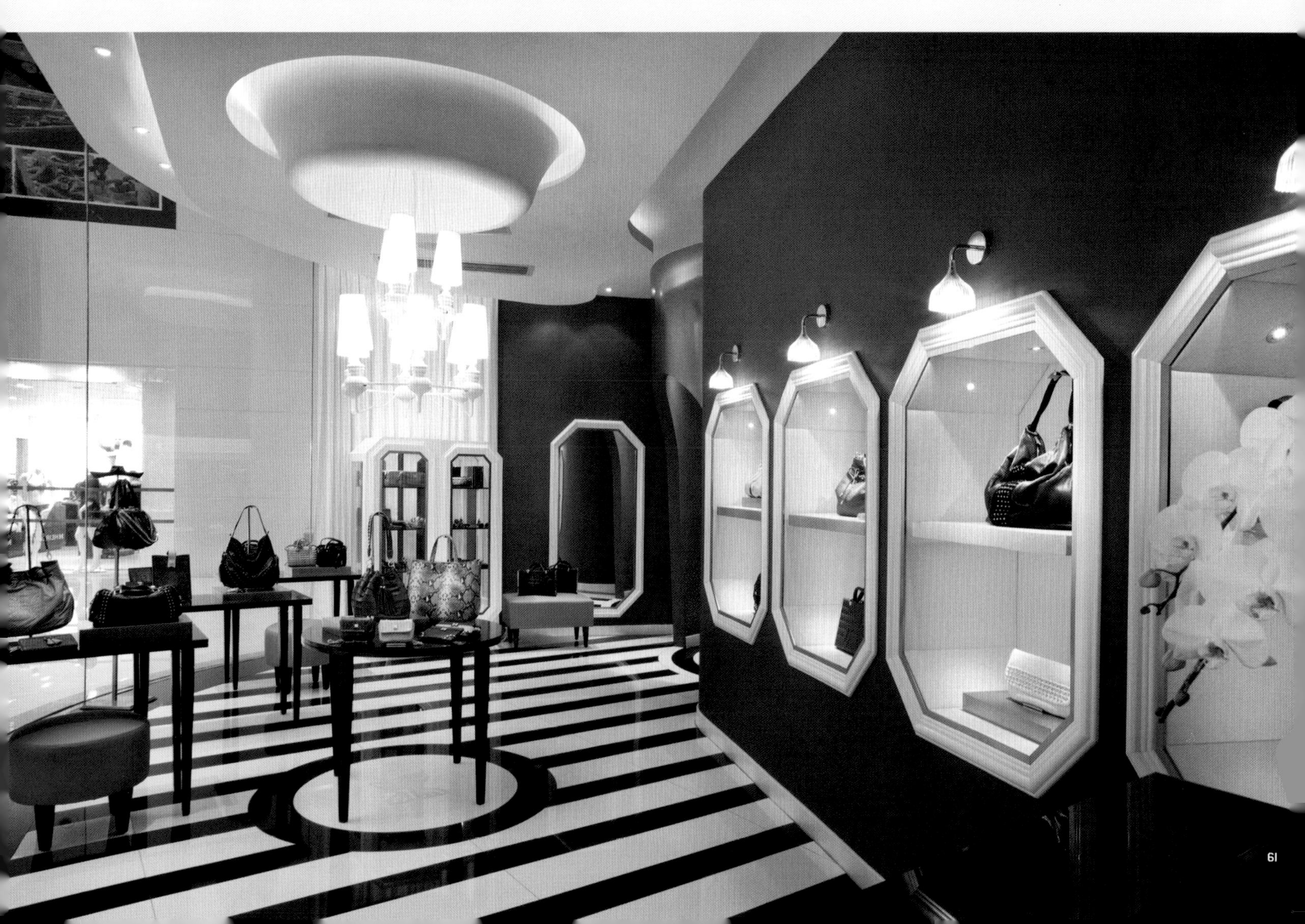

| 1 / 2 | 3 |

1 带有古典浪漫气息的灯具

2 轮廓相同的玻璃柜门与镜子相映成趣

3 金色不锈钢围出的筒状私密“闺房”

# Stylexchange 时装店
# STYLEXCHANGE FASHION STORE

撰　　文 | 银时
资料提供 | Sid Lee事务所

地　　点 | 加拿大魁北克蒙特利尔Sainte-Catherine大街
面　　积 | 375m²
设计公司 | Sid Lee事务所
结构设计 | Sajo
建造时间 | 2010年

1 细节的精彩
2 店内空间全景

Stylexchange是加拿大一个知名时尚连锁服饰专卖店，主要销售一些受大众欢迎的休闲品牌服饰，因此常常是门庭若市，连周边的商业氛围都会被带旺很多。由Sid Lee建筑事务所设计的这一家分店位于蒙特利尔市中心的Sainte-Catherine大街一家历史悠久的食品市场入口处，而其近邻恰恰是Concordia大学校园——一个充满青春活力的所在。成功的设计，使得Stylexchange在这新老交织的环境中，仍然天衣无缝地融入了这片富于多样性和多元文化的街区的城市图景中。简单而灵活的布局恰到好处地展示着Stylexhange的当季流行风潮，同时也重新诠释出该区域的历史和传统。

店内以黑白两色为主基调。黑色区域展示着当季新品，随意摆放的方式鼓励顾客随意挑选和试衣。店中央的设计区则运用明亮的白色，将顾客的注意力集中到店内造型师设计好的搭配组合上，各种服装和配饰的组合格外引人注目，也更容易激起顾客的购买欲。

店铺原有的大门被加以改建，重新创造出一个直线型的商业空间。空间中的格局是开放式的，周边低矮的顶棚和中心区域的双层空间高低错落。新空间呈现出一种半设计工作室、半流行二手店的审美情趣。整个店铺犹如一张画布，为多元的、世界主义的各色物品提供展示之所。格调、音乐以及平面艺术才是这个空间真正的主人。

中心区的白色钢构架被打造得像是个没完工的帐篷，松散但却有很强的展示性。它把控着整个空间的氛围，既作为新品的展陈背景而存在，也会在店内举办时尚发布会时，成为音乐和娱乐的中心。

黑色的墙壁亦是艺术家们挥洒灵感的黑板，在整个空间中连续地展开，当地艺术家们可以在其上作画，将周边环境中的场景带进专卖店中。通过这种方式，店内的各种元素被统一起来，各种品牌之间以及商品与城市街区之间由此被联系在一起。空间中原来的地板被保留下来，其特别之处是由来自不同区域的地砖拼接而成。虽然空间已经面目全非，老地板还能唤起对场地历史的记忆。

设计师尽可能地采用最基本、最原生态的材料如合板、钢材玻璃、裸露在外的螺钉、未处理的木质表皮等等，来承载蒙特利尔作为一座工业城市所曾拥有的历史。而黑色、烟灰色等颜色的运用，则呼应了建筑室外街道的色调，从而创造出室内外空间的连续性。END

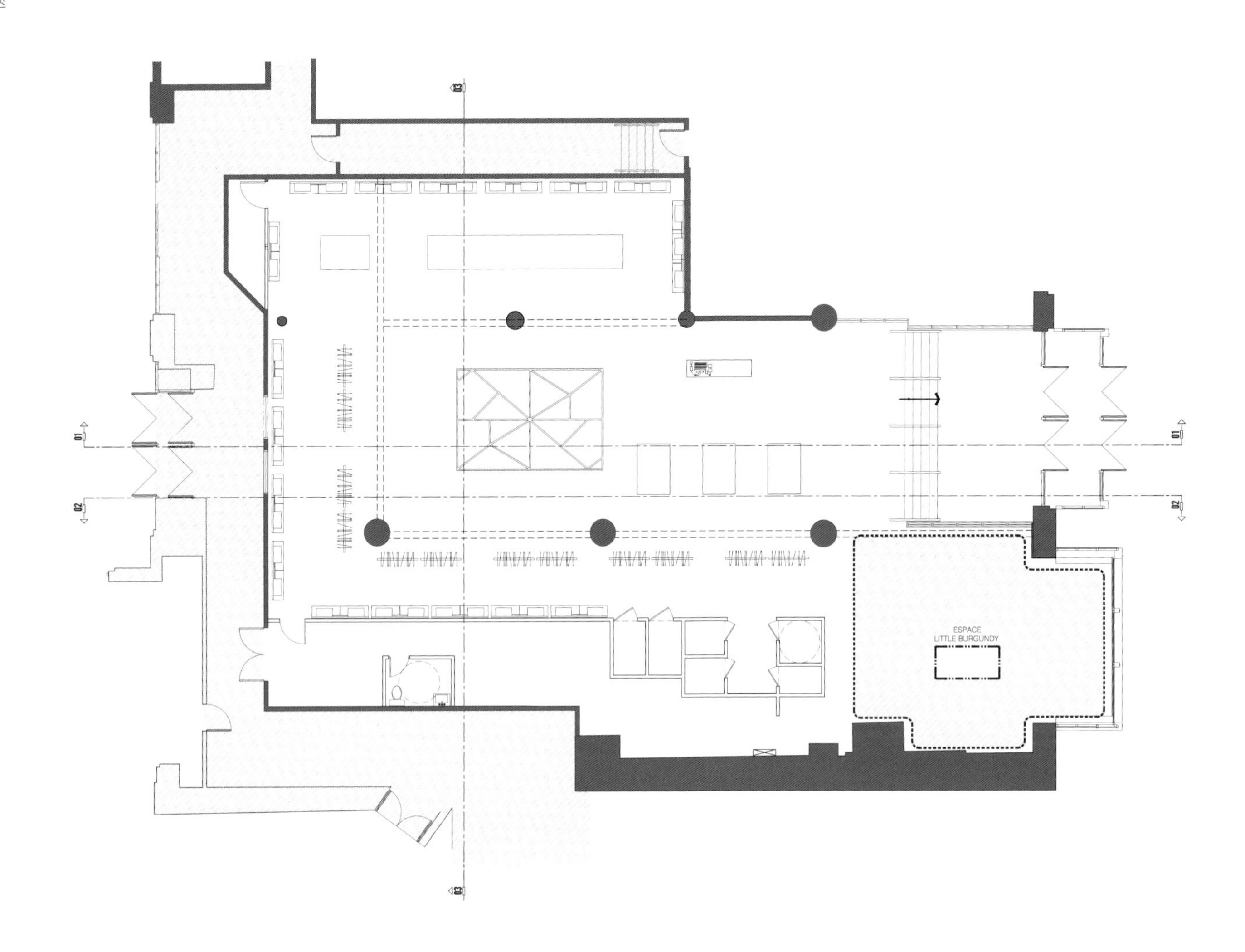


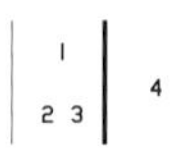

1 平面图
2 墙壁上的涂鸦把街区的青春及艺术气息带入店内
3 白色钢构架围合出中心区
4 原有的地砖被保留下来，留下岁月的印记

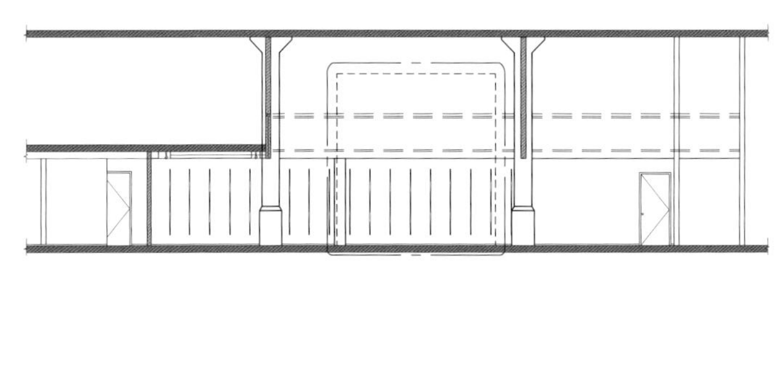

03

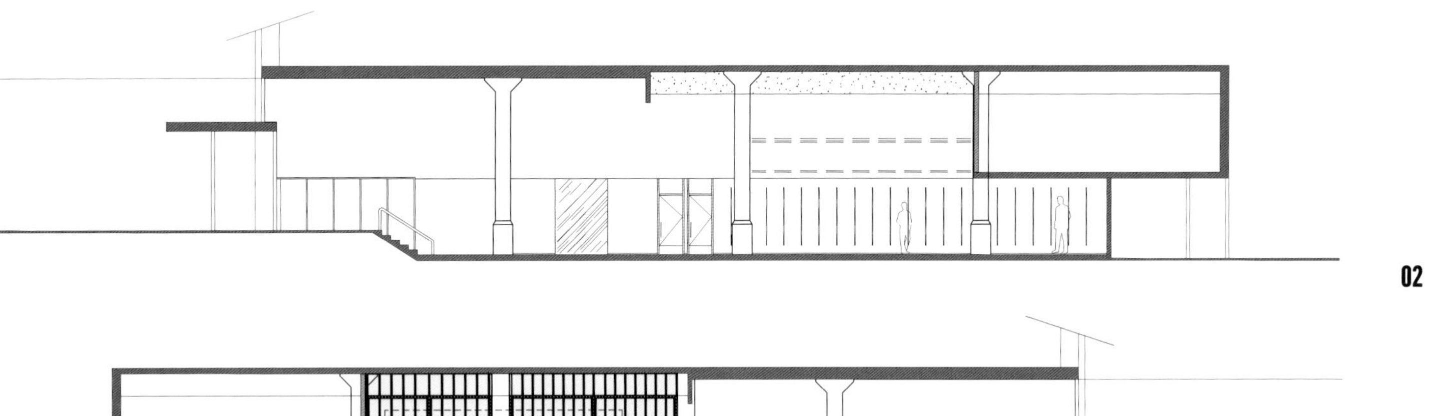

02

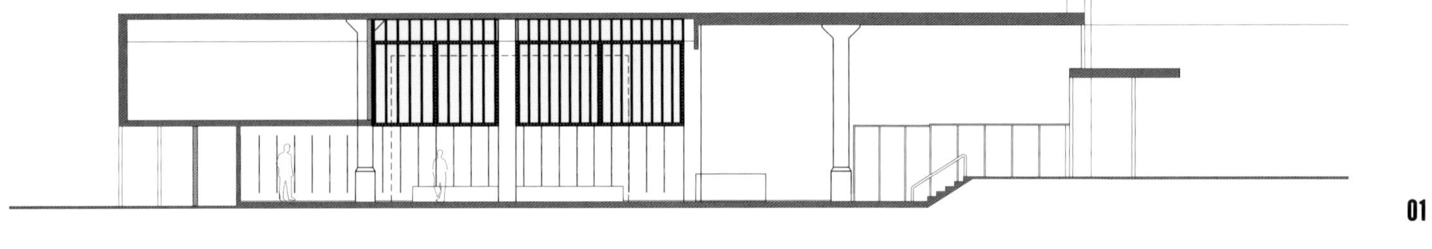

01

| 1 | 3 |
| 2 | 4 5 |

**1** 剖面图
**2** 中心展示区内部
**3-5** 丰富的展陈方式

# Videotron 旗舰店

# VIDEOTRON FLAGSHIP STORE

撰　　文 | 银时
资料提供 | Sid Lee事务所

地　　点 | 加拿大魁北克蒙特利尔Sainte-Catherine大街
面　　积 | 420m²
业　　主 | Videotron
设计团队 | Sid Lee事务所、RCAA
建造时间 | 2010年

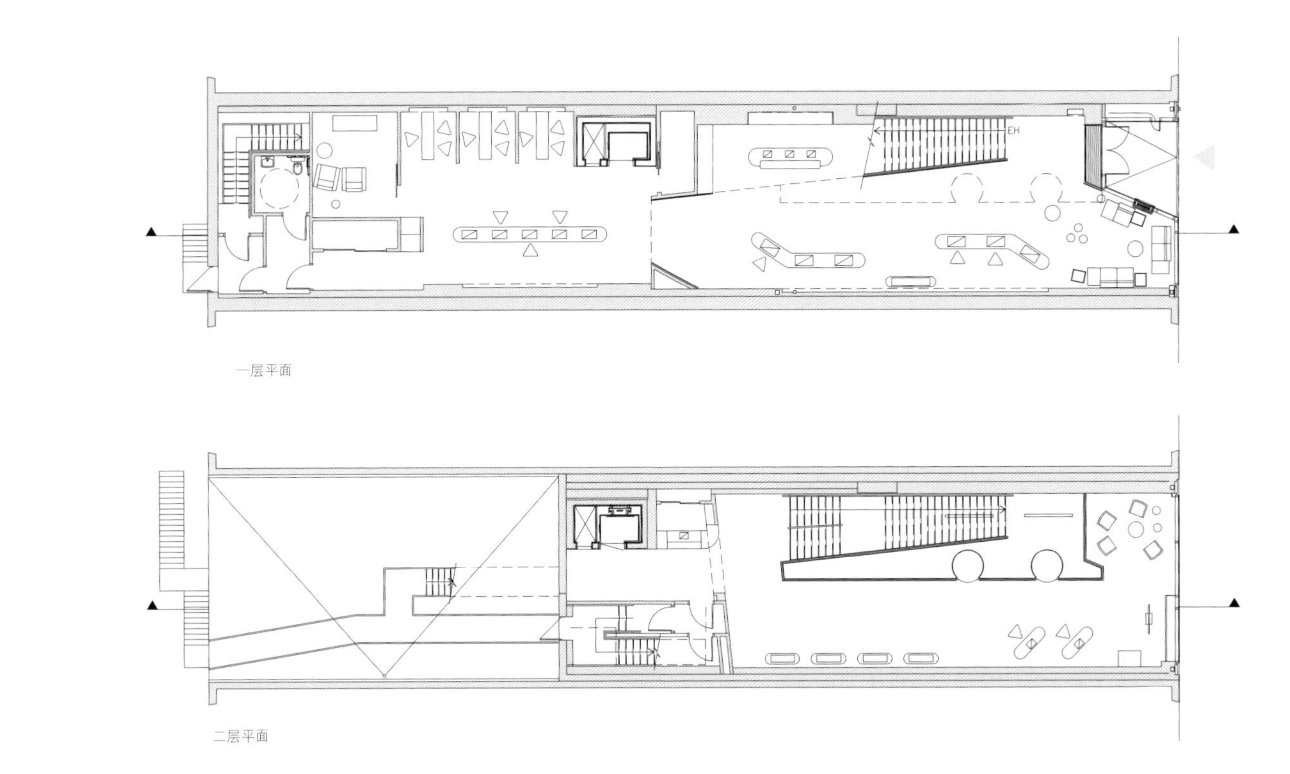


1 店面外观
2 各层平面
3 空间组织图解

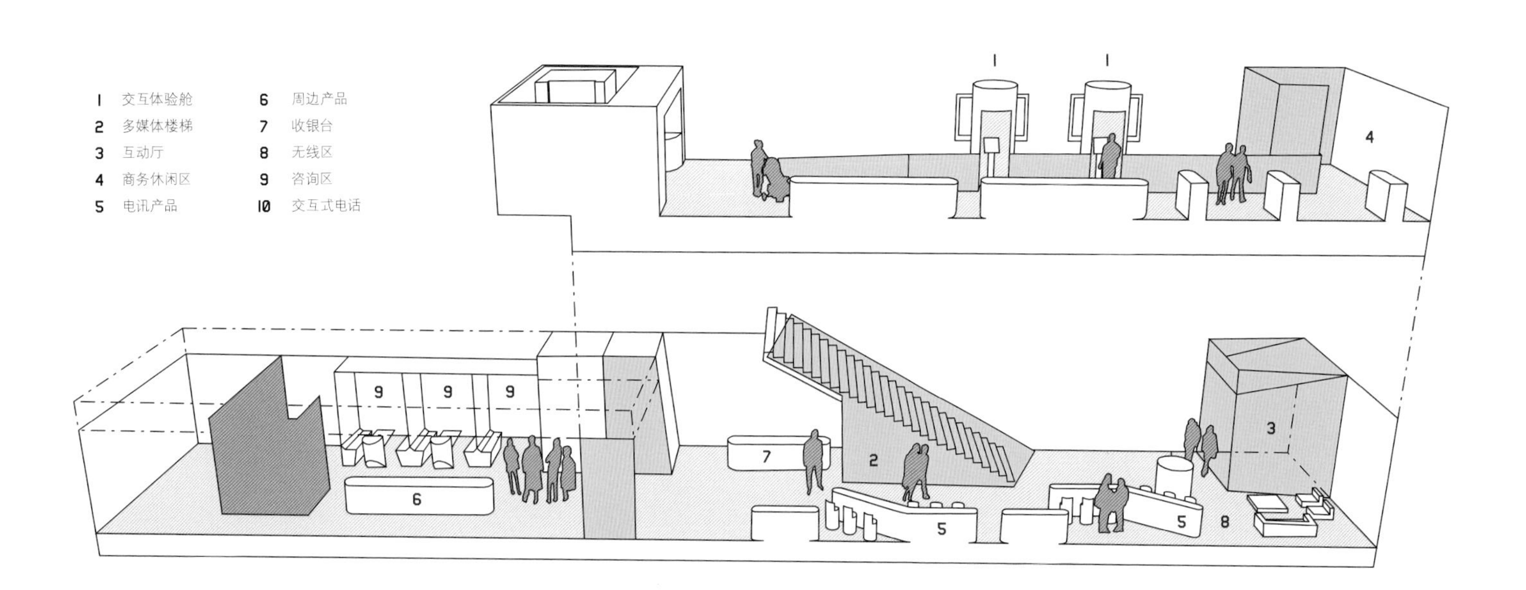


Sid Lee 建筑事务所是由原来的 Nomade 建筑事务所与全球顶尖的加拿大广告创意商 Sid Lee 的专业团队携手打造。Nomade 建筑事务所是由设计师 Jean Pelland 和 Martin Leblanc 创立于 1999 年，在城市规划、建筑与室内及产品设计等多个领域均有不俗的成绩。强强联手后的 Sid Lee 建筑事务所，在设计上体现出了更强大的创造力和想像力，特别是在商业空间的设计上，对品牌的理解力愈加深厚，汲取了广告团队对商务推广方面的丰富经验，在品牌个性的创造和空间视觉体验的冲击力上都有了更精彩的表现。

由 Sid Lee 建筑事务所设计的 Videotron 旗舰店位于蒙特利尔市中心，是一家独具特色的、理念颇为前卫的电讯产品核心业务体验空间。经由 Sid Lee 建筑事务所、Sid Lee 广告公司，Videotron 团队以及众多合作伙伴的通力合作，创造出大胆而富有创意的环境，一个声光电影变幻莫测的炫目空间最终呈现在来客面前。在这里，顾客和参观者能够体验到融合了多媒体互动、高端科技、品牌形象、建筑新技术等众多元素的华丽而纯粹的空间概念。

空间提供了全新的用户体验，Videotron 的来客会感觉就像在家中一样随意。Sid Lee 建筑事务所的主设计师及合伙人 Martin Leblanc 说："强烈的画面感是 Videotron 旗舰店设计的特色之一。"设计师精心设计了 3 层高的商店外观，将集成了 Videotron 所有服务范围的视频内容作为互动元素呈现在空间中。高耸的全玻璃外墙与鲜艳的动态 LED 照明让店面在繁华的 Sainte-Catherine 大街格外耀眼。

充满动感的多媒体楼梯设置在商店入口处。互动产品区将 Videotron 产品与服务良好地融入购物体验。二层悬空的圆筒玻璃互动体验仓让客户在体验 Videotron 技术的同时，沉浸在品牌世界中。整个空间中，鲜明的品牌标识色以各种形式穿插于环境中。

Sid Lee 建筑事务所与多学科团队的共同努力，使 Videotron 得以在激烈的行业竞争中，通过全新的交互式体验与展示方式诠释其品牌内涵，完善了品牌个性，提升了品牌内涵。END

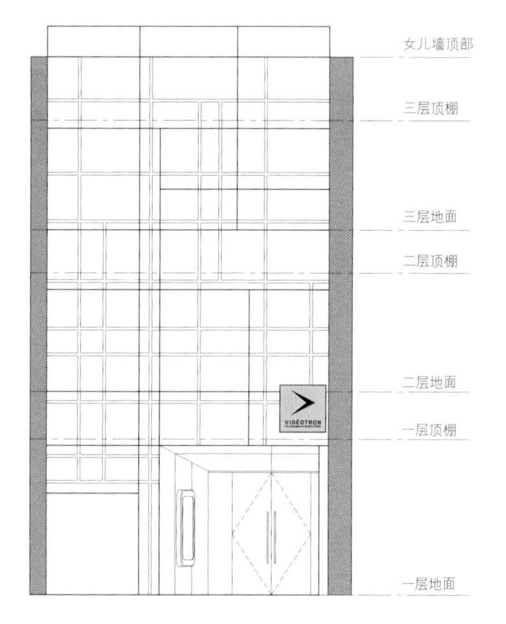


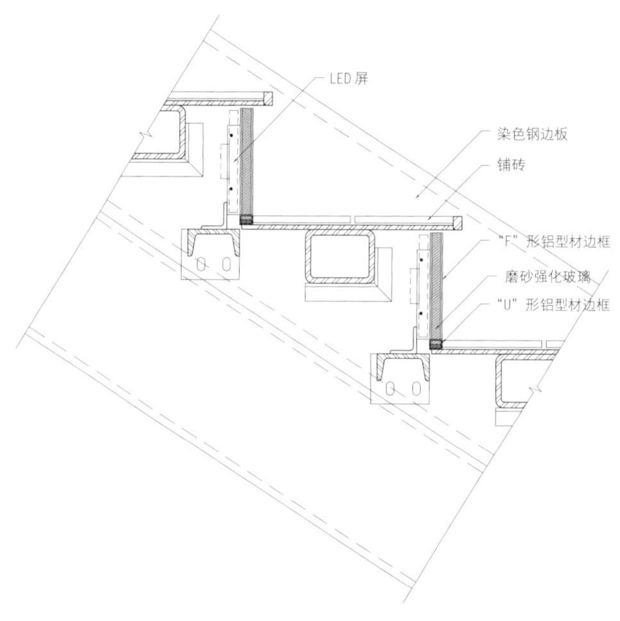


| 1 2 3<br>4 7<br>5 6 | 8 9<br>10 |
|---|---|

**1-3** 全玻璃外墙与光影变幻的动态 LED 照明
**4** 立面图
**5-6** 楼梯被当作屏幕展示丰富的多媒体内容
**7** 多媒体楼梯详图
**8-9** 楼梯与上部及周边空间的交接
**10** 对比鲜明的黑色与黄色是店铺的标志色

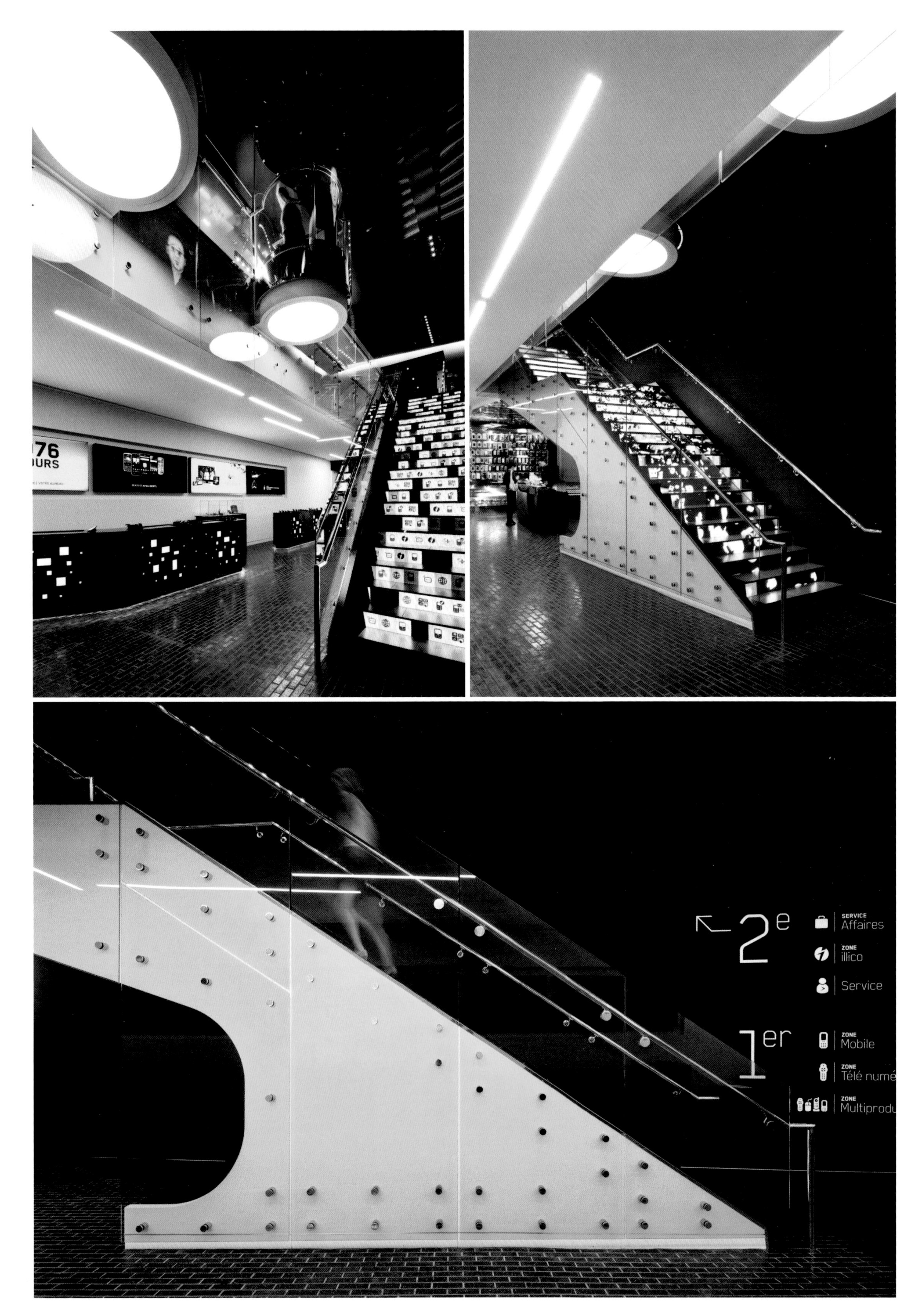
76
OURS
2e
SERVICE
Affaires
ZONE
illico
Service
1er
ZONE
Mobile
ZONE
Télé numé
ZONE
Multiprodu

SERVICE
Affaires

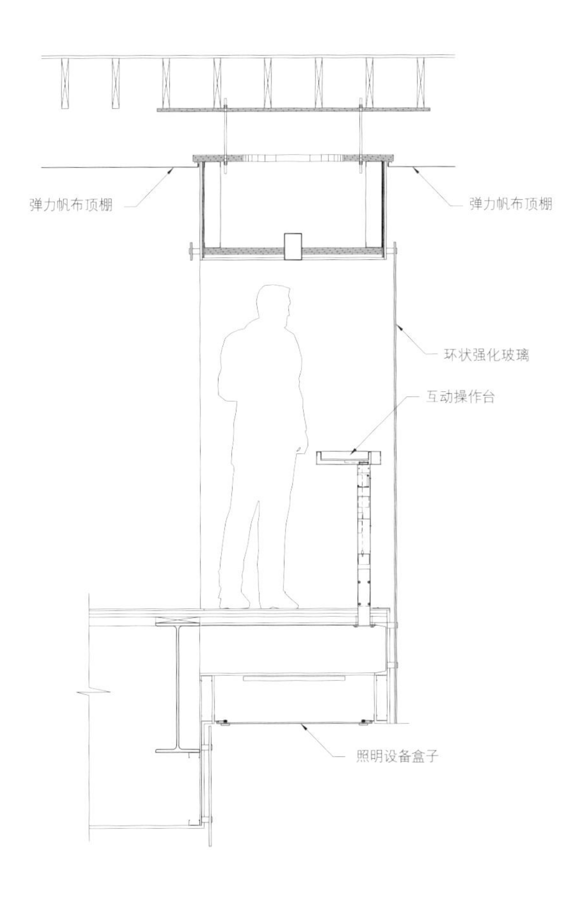

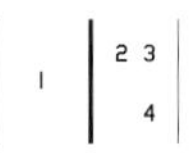

1 交互体验舱
2 交互体验舱详图
3 收银台
4 电讯产品区

# Red Pif 葡萄酒馆

## RED PIF RESTAURANT AND WINE SHOP


撰　文 | 藤井树
摄　影 | AI photography
资料提供 | Aulík Fišer architekt


设　计 | Jakub Fišer, Petra Skalická
竣工时间 | 2010年

1 | 2 3

**1-3** 酒瓶状的旋转窗户形成了酒馆橱窗

在西方国家的餐饮概念中，品酒的片刻时光是相当享受人生的体验，如果没有这样一杯饮品，整个用餐过程就无法开启序曲。捷克的布拉格城镇，出现了利用葡萄酒瓶作为装饰的餐饮空间“Red Pif 葡萄酒馆”。从空间内部传递出的味道讯息，告知人们这是一间具有年代记忆的时光廊道。

一如葡萄酒需经历时间发酵一般，“Red Pif 葡萄酒馆”也是在 19 世纪便已存在、经由时间累积而成的建筑。当地建筑团队 Aulík Fišer architekti 将其重新修复。设计师与甲方沟通时，浏览了甲方提供的一些法国酒馆的照片后，想到：有些酒馆的布置只是肤浅的手段化，即便用到最时髦的东西，也仅是一种奇异罢了；而那些法国的古老小酒馆自然而然有一种气氛，这种气氛是那个特定场所及所有那些年，一直运营他们的拥有者所给与的，这种气氛无法调兑也无法被设计，要享受葡萄酒就要找到正确对待它们的方式。设计师在设计时抓住了品酒者最根本的愿望：享用最纯粹的原味。设计师认为，酒馆的气氛就应该像在自然中生产出的葡萄酒那样，而非与自然葡萄酒味相抵的人工调味酒。

酒馆的最终设计让人一见如故，在此时此地享受美酒美食时，这个酒馆又似乎隐匿于无形，与美酒相融。酒馆橱窗被改造成了酒瓶状的旋转窗户，可完全关闭或开启，即使不用任何宣传与促销海报，也足以引人驻足；当窗户完全关闭，从店外看去，这家酒馆仿佛是一个与现实城市断裂开来的巨大酒窖，里面藏满了美酒。在室内部分，设计师将室内原有装修去除，露出这个 19 世纪时期房屋的沧桑；店内大多采用与葡萄栽培过程相关的材料，如橡木桶、橡木地板和吧台，及存放葡萄酒瓶的钢筋货架（钢筋用于葡萄园内葡萄树的支撑架），货架随着酒瓶数量的增多而消失，而转化成了“瓶墙”；从屋顶悬挂下来的光秃灯泡发出的光线朦朦胧胧，一幅 Martina Chloupa 的抽象风景画恰到好处地挂在房屋中，整个酒馆充满了原木与自然的气息。END

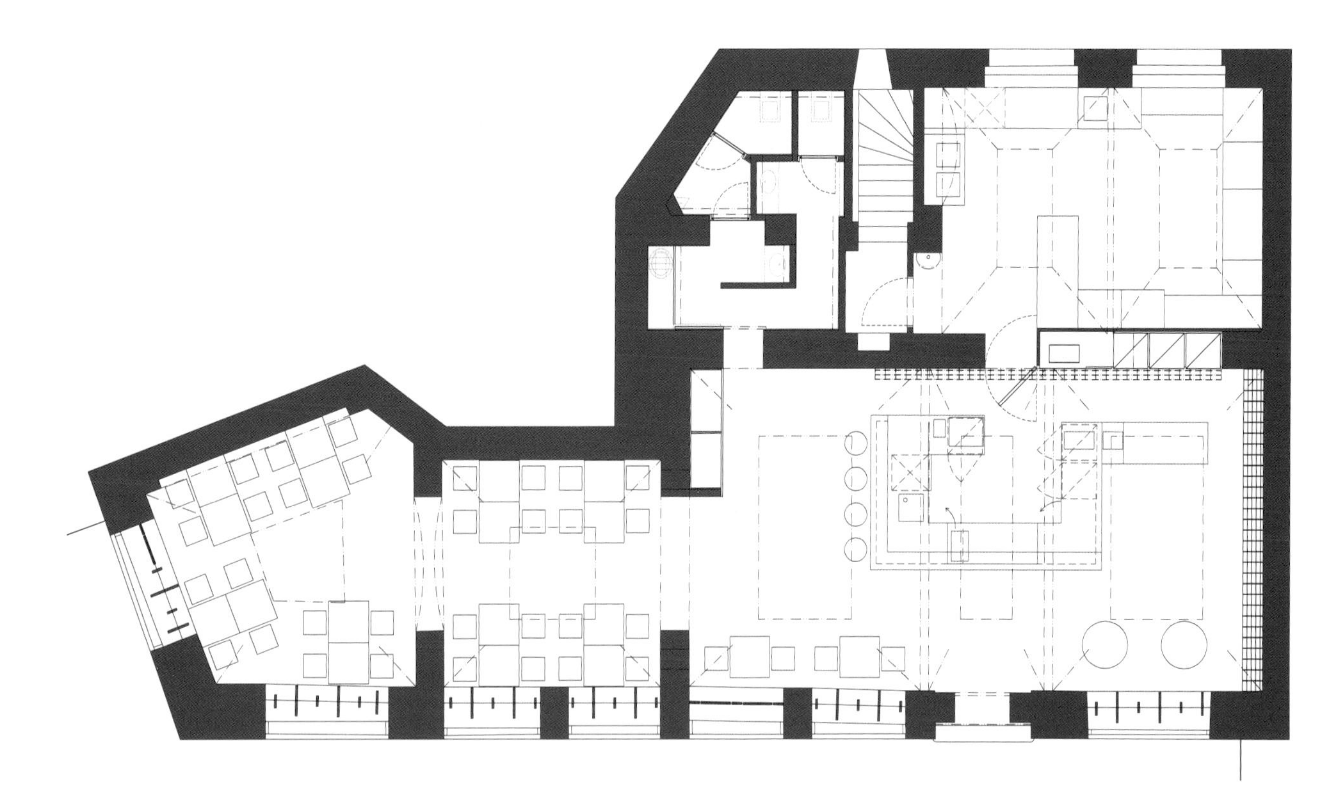

| 1 | 3 4 |
|---|---|
| 2 | 5 |

1　平面图
2　橡木吧台
3-4　存放葡萄酒瓶的钢筋货架
5　从屋顶悬挂下来的光秃灯泡发出朦胧的光线，充满原始气息

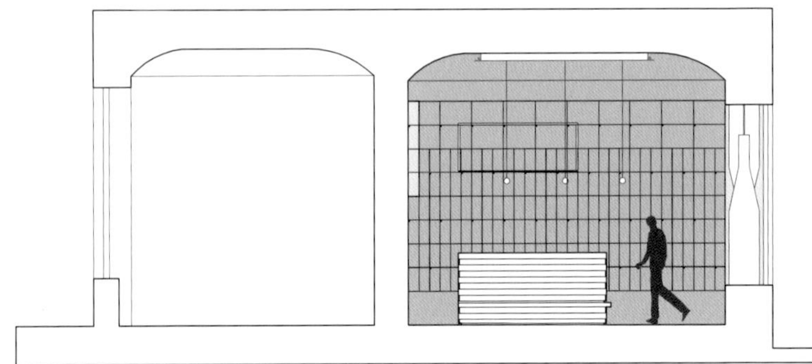

| 1 | 2 3 |
|---|---|
| 4 | 5 |

**1** 剖面图

**2-3** 酒瓶状旋转窗户可完全开启或关闭

**4-5** 品酒及就餐区

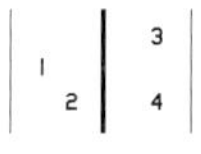

1 品酒及就餐区
2 洗手间
3 橱窗在夜晚与白天的不同面貌
4 一幅抽象风景画挂在房中，整个酒馆充满原木气息

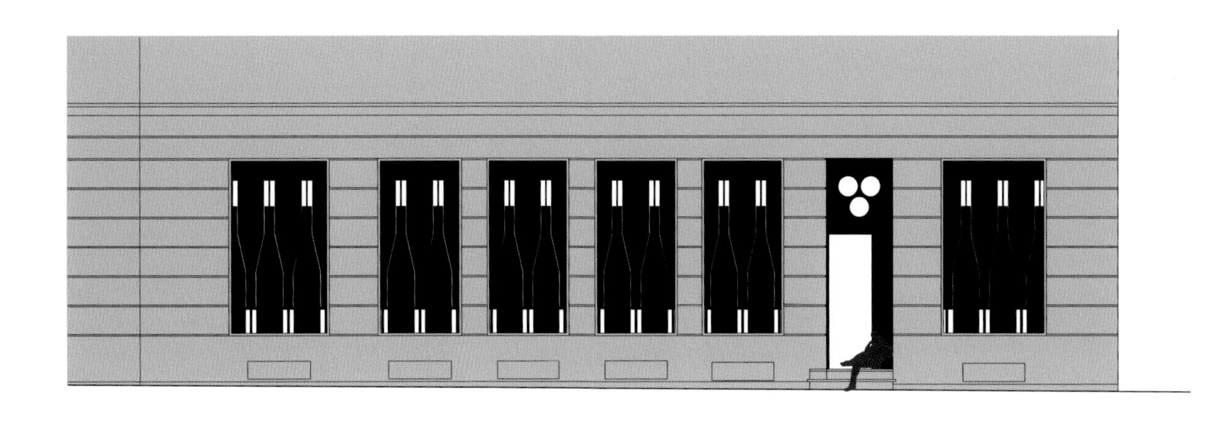

RED
Pif

# 设计共和的设计公馆

# DESIGN REPUBLIC'S DESIGN COLLECTIVE

摄　影 | 沈忠海
资料提供 | 如恩设计研究室

地　点 | 上海市青浦区
面　积 | 7 230m²
设　计 | 如恩设计研究室
设计时间 | 2010年12月～2011年7月
建造时间 | 2011年7月～2012年4月

设计共和最新的设计公馆坐落于上海郊区青浦。如恩接手现存建筑，并在不破坏现存结构的基础上重新设计外立面及室内空间。如恩的设计理念是将现存建筑覆盖，创造出一个全新的室外特征，同时为集聚这座城市最前卫的家具零售品的设计公馆制造出一个内向的空间平台。

现存建筑被包覆起来，表面是家具图形组成的图案造型，创造出一个内向的空间，通过视觉与感官来展示家具。

主入口如同一个巨大的金属漏斗，从城市背景转换到展览空间。入口通道的形状增强了客人的到达感，标志着在这栋3层楼高的建筑里，即将开始的家具赏鉴之旅。

贯穿主展览空间的楼梯引导着客人走过陈列多种品牌家具的多层空间，通过不同的视觉点，欣赏各式陈列，体验呈现在多变空间关系中的家具。当客人从展览层到达更高的空间时，视觉体验更精彩。屋顶上七个天窗让日光洒进展览空间，瞬间使客人从一个封闭的内部展览空间获得视觉的放松。

设计共和代表了一种崭新的生活和独特风格。设计共和的成立初衷是建立一个生活的共和——这是一种由精美的居家用品带给我们的精彩生活。通过寻找一种人与日常生活物品之间的微妙关系，从一杯一盏，到一把椅子，从而发现美的存在。

设计共和是一种时尚风格的共和——一种以独特的现代中国审美观在设计、零售与商业推广领域中创造出来的全新时尚风格；它将突破传统束缚，融合旧与新、传统与现代、简朴与奢华，最终打造出设计的完美境界。设计共和青浦店亦位于设计公馆一楼，汇聚了世界顶级设计师的家居系列作品并将通过中外顶级设计师的设计作品来探讨现代中国新美学的发展方向。END

| 1<br>2 | 3<br>4<br>5 |
|---|---|

1 建筑外观
2 以家具图形为素材的表皮与店铺橱窗
3-5 各层平面

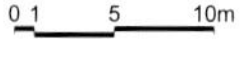


一层平面

1 入口通道
2 纹理表皮
3 主楼梯 / 中庭
4 展示 / 功能区
5 自动扶梯
6 通道
7 设计共和店铺主入口
8 收银台
9 展示壁龛
10 贩售区
11 设计共和展厅
12 边门
13 储藏区
14 电梯
15 逃生梯
16 公共休息区
17 坡道
18 人行道
19 排水沟

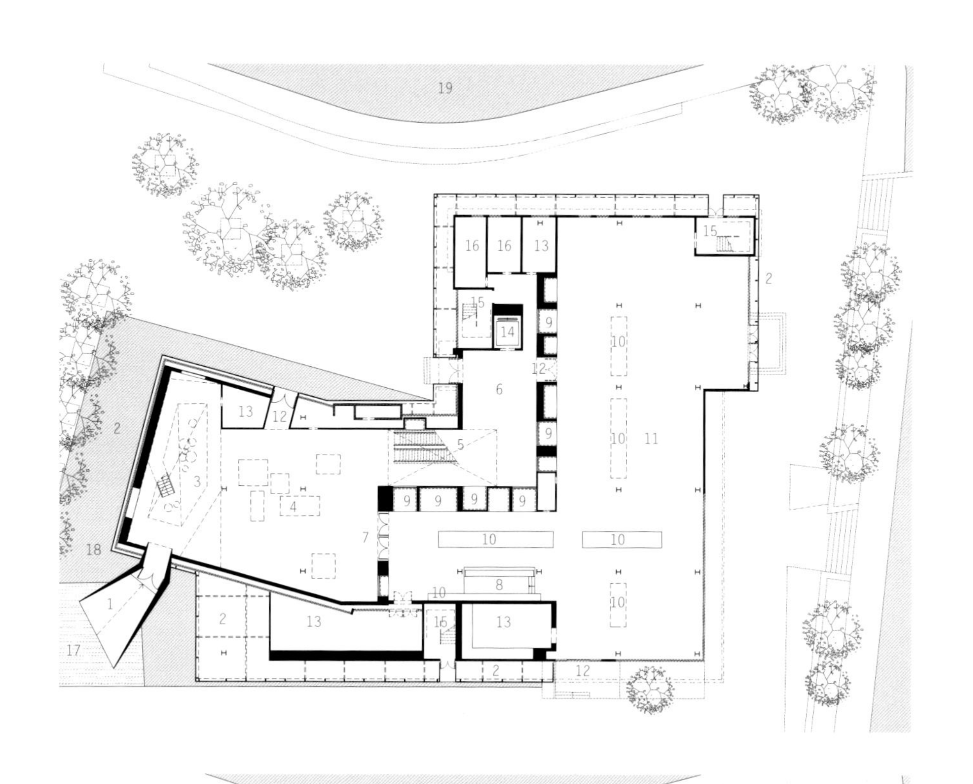

二层平面

1 入口上方
2 纹理表皮
3 主楼梯 / 中庭
4 通道
5 自动扶梯
6 大厅
7 展厅
8 展示壁龛
9 电梯
10 逃生梯
11 公共休息区

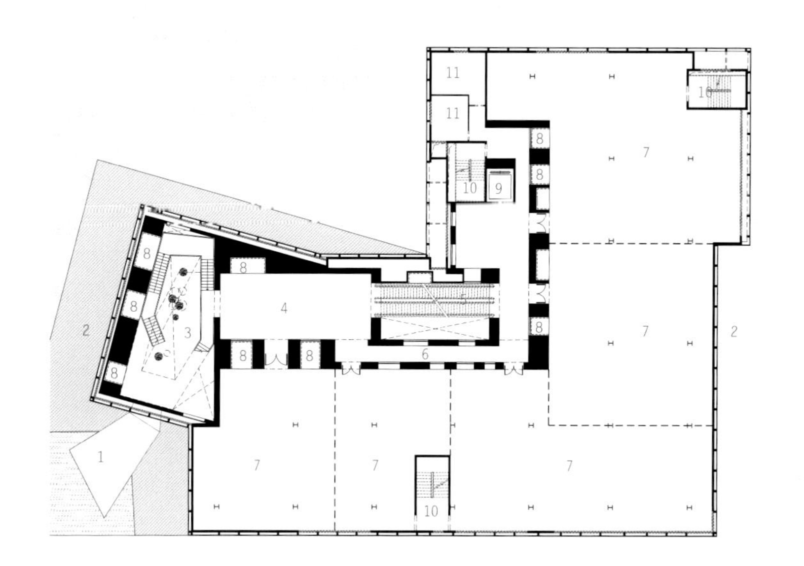

三层平面

1 入口上方
2 纹理表皮
3 主楼梯 / 中庭
4 通道
5 自动扶梯
6 大厅
7 展厅
8 展示壁龛
9 电梯
10 逃生梯
11 公共休息区
12 室外天台

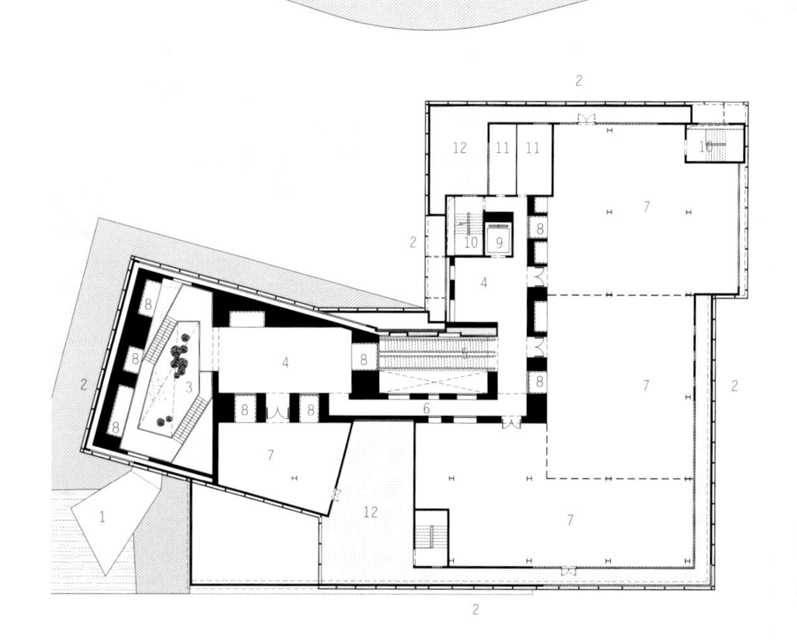

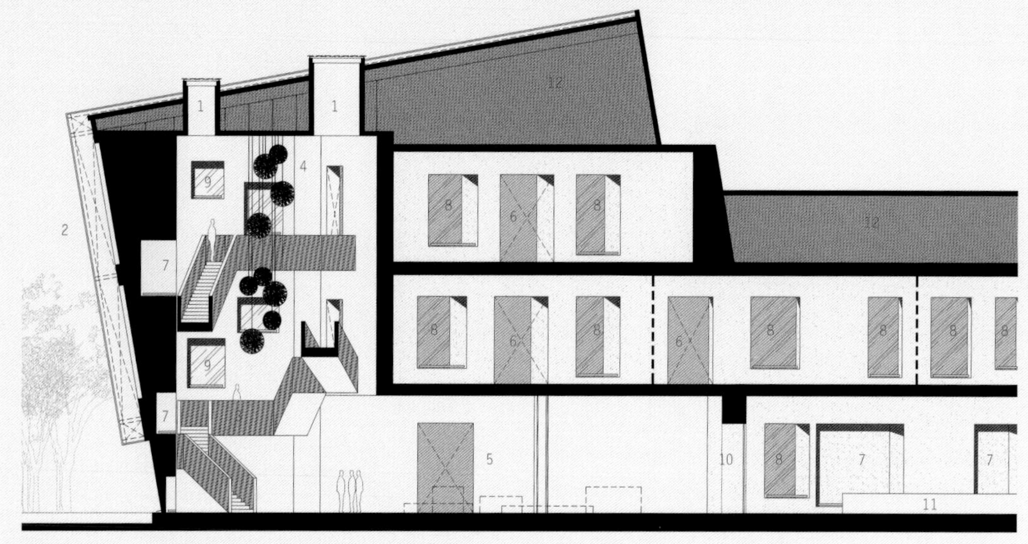


1 天窗
2 纹理表皮
3 主楼梯
4 灯具
5 展览 / 功能区
6 展示区
7 展示壁龛
8 橱窗
9 展示镜柜
10 设计共和店铺入口
11 展示台
12 设备区

1 剖面图
2-4 楼梯贯穿主展览空间
5-6 设计共和店内空间

# LOVE THE LIFE 工作室和风小店二则

撰 文 | 银时

左：Katsuno，右：Yagi ©Naomi Muto

Love the Life（LTL）是两位日本设计师Akemi Katsuno 和 Takashi Yagi 在 1997 年成立的，他们的设计一向以富有浓郁的本土传统风情而著称。他们在设计中很少使用华丽的装饰手法或过于前卫的造型，而是更善于通过运用原生态的物料和简朴的设计手法，传达出日式美学的“静”与“净”。我们在此选取 LTL 两个有代表性的小项目，于方寸空间中，来欣赏他们的精细与极致，体会 TLT 的设计哲学:“为生活而艺术，让生活如艺术。（Art for life. Life as art.）”

## 阿佐谷茗茶乐山新店

## ASAGAYA-MEICHA RAKUZAN NEW STORE

撰 文 | 银时
摄 影 | Shinichi Sato

地 点 | 日本东京阿佐谷
面 积 | 25.6m²
设 计 | Akemi Katsuno & Takashi Yagi (Love the Life)
照明设计 | Misuzu Yagi (Muse-D)
竣工时间 | 2008年6月

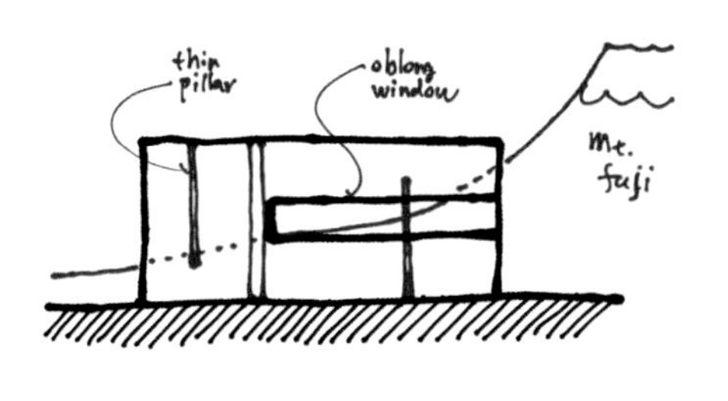


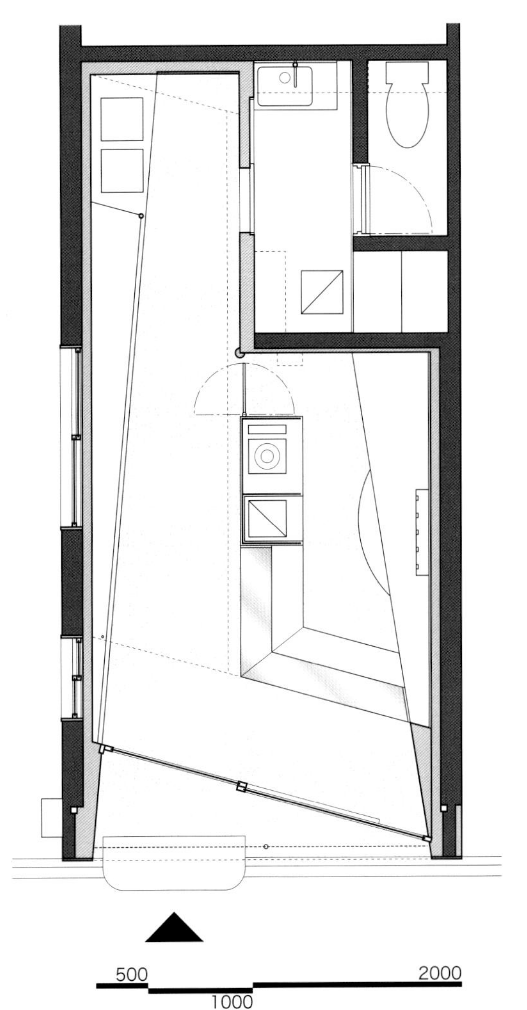


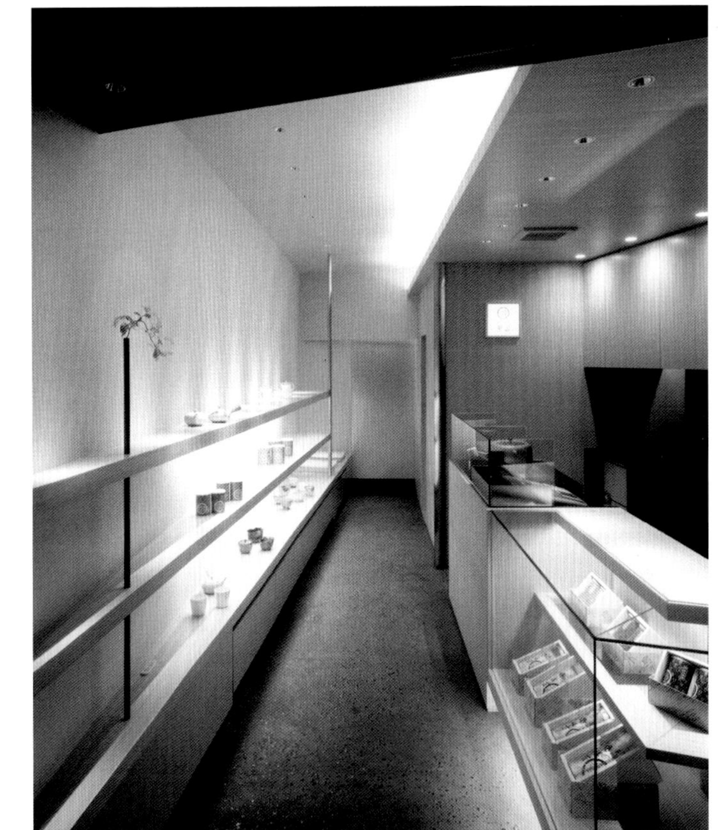

1 店面外观，向内缩进的角度对过往的行人带来邀请和吸引的感觉
2 草图
3 平面图
4 非直射光照射下，各种材料和构件交错，有种折纸般的效果
5 玻璃柜后的展示壁亦是件艺术作品

阿佐谷茗茶乐山新店是一家生产和销售传统日本茶以及藻类的店铺，他们的老店位于JR线阿佐谷站附近，历史也很悠久。本案中的新店是由老店东的儿子开办的，店址就选在阿佐谷站北出口的商业街上。这是一条狭窄的小街，但很繁华，车水马龙，昼夜川流不息。周围的店铺有米店、米果点、日式糖果店等等，往往都有着浓郁的本土气息。

新店的店面很小，这在寸土寸金的东京是很常见的。怎样才能充分利用这样小的空间？同时还能将这条繁华商业街上人流的视线吸引过来，并产生进店一探究竟的欲望？这是设计师面临的最大挑战。

TLT首先从门面入手。临街一面的入口和墙全部采用落地玻璃窗构建，不同于一般的平直门面，他们将门面向内倾斜拉进，在门前形成了一个狭小的三角形门厅，门厅顶棚装有照明设备和店招的垂帘，深色的墙面上亦有店铺的名字和LOGO，由暗色调的户外向室内形成由暗到明的渐变过渡，同时这种向内凹进的布局亦巧妙而自然地对过客的视线形成一种牵引。形似回旋镖的玻璃展示柜台与门厅平齐，异型的展架不会对陈列商品造成什么阻碍，因为大部分商品都被包装得很小巧，很容易摆放。由此，一个合理的平面布局就完全成形了——既能吸引过往的行人，也使各种不同的陈列方式成为可能。

店铺的顶棚有3m多高，也是高低不平的。右侧和入口处的顶棚较低，用刺椒木吊顶。而左侧的顶棚偏高，则用香蕉纤维纸做饰面。在非直射光源的映照下，各种材料交互重叠，使整个空间呈现出一种简单的折纸般的感觉。而穿插在空间中的大小不一的不锈钢支柱混淆了视觉节奏，使空间看上去显得比实际更宽敞。

吊柜与玻璃柜台之间的展示壁是Kenji Horikiri的石膏作品，它被柔和的弧形分成上下两个部分，其形态其实是象征着从静冈眺望富士山的景观，而静冈平原正是著名的出产极品茶的地方。

# Masters Craft 日本手工艺品店

## MASTERS CRAFT IN PALACE HOTEL

撰　文｜银时
摄　影｜Shinichi Sato

地　点｜日本东京千代田区
面　积｜$45m^2$
设　计｜Akemi Katsuno & Takashi Yagi (Love the Life)
竣工时间｜2012年5月

Masters Craft 日本工艺品商店位于东京皇宫酒店中，是由日本设计师 Akemi Katsuno 与 Takashi Yagi 组成的Love the Life 工作室的新作。

皇宫酒店历史悠久，于 2012 年重建。建筑南侧毗邻田仓喷泉公园，这使得这一区域在繁华的商业区中拥有了开阔的视角和优美的景观。可惜的是，Masters Craft 位于酒店建筑的地下部分，没能沾到这一良好的地理条件的光。

在开始构思之前，设计师拜访了位于岐阜县瑞浪市的 Masters craft 总部以及周边地区，岐阜县是日本森林覆盖率第二的地区，被誉为“森林之国”，茂密的林木、苍翠的深山、清澈的河流以及明媚的阳光……这些世外桃源般的景象给久居城市的设计师带来了深深的震撼，也促发了他们的灵感，他们决定到把温暖的森林气氛带到这个坐落在皇宫附近的小店面中。这绝非无聊之举，它代表着当今社会人们对都市生活的反思，以及对消隐的田园时代的乡愁。于是，Masters Craft 店铺设计的基调被奠定了——回归自然。

首先，设计师在店内两侧的墙面上设置木货架，这些上下渗光照射中的三角木架模拟了远山和树林的形态，为这个闹市中的小店带来清新的自然气息。顶棚的中心位置吊装了 14 个颜色深浅渐变的树枝状木制装置，这些木装置强调出店内空间的高度和进深，使整个店铺看起来显得比较大，层次也更为丰富。展台、玻璃柜、木架等多种商品陈列方式，使店内氛围更为活泼，但其纯净的色

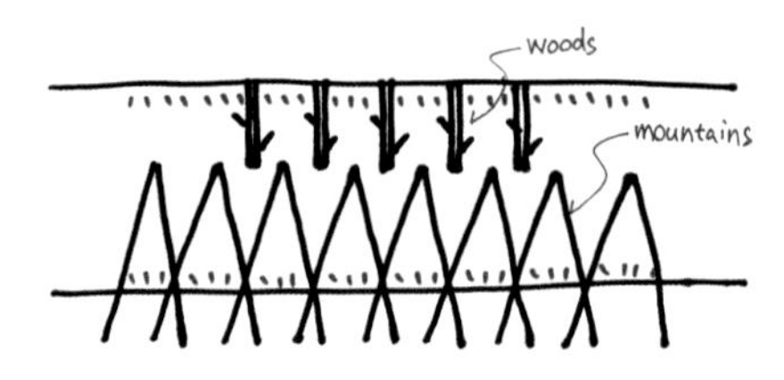


调和简单的造型又不会抢走商品的风头，反而更衬托出货品的精致和多彩。

收银台背墙则覆盖以鲜艳的条形瓷砖，隐喻了 Masters Craft 作为陶瓷制造业的渊源，在白色、木色为主要色系的店铺中，起到了活跃空间气氛的作用，通过对比更展示出 Masters Craft 作为日本手工艺精品所具有的高雅气质。END

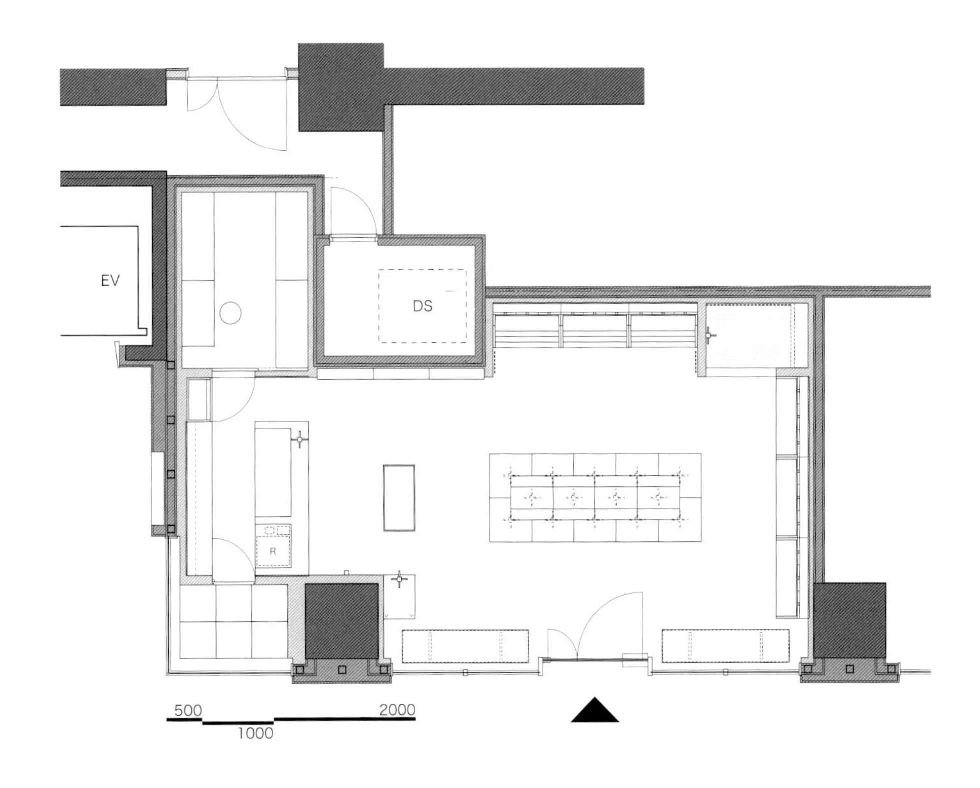

1 从店外看店铺空间
2 草图
3 平面图
4 店内全景

| 1 2<br>3 | 4 |
|---|---|

**1-2** 模拟林木形态的悬吊木质装置和木货架
**3** 收银台背部覆以鲜亮的条形瓷砖
**4** 木制家具和装饰把温暖的森林气氛带到都市中来

# Livraria da Vila 连锁书店二则

撰　文 | 夕颜

Livraria da Vila 是一家连锁书店品牌，在巴西经营得很成功。Pátio Higienópolis 商场店是 Livraria da Vila 在大型购物中心里开设的第二家连锁店，JK 商场店则是第三家。在这两家书店之前，Livraria da Vila 已经与 IW 合作过两个项目，而这两家新店延续了 Livraria da Vila 一贯的风格，又根据不同的场地环境而各具特色。

整个书店的设计理念都源自于一个核心宗旨，即有助于诠释出专属于本品牌或者说商业场所的独立个性，这也决定了本案的设计手法——通过运用一系列具有强烈个性的元素，来应对每一个新项目所带来的特点问题与挑战，这些挑战往往与项目的场地相关；同时从一个既定的概念中发掘一些新鲜的东西，使项目在其同类中显得与众不同。

对于一家书店而言，其最小的单元，也是项目设计的出发点，就是“书”。书籍充斥于空间中，覆盖了墙壁，填满了书架，散布在这一件那一件的桌台等家具上，甚至就直接堆在地板上。于是 Livraria da Vila 书店最鲜明的个性元素就从“书”中衍生出来，也就是书架——书籍的主要承托物。在 Livraria da Vila 书店中，深色的木质书架成了最醒目、最具标志性的存在，它们覆满墙面，分隔开空间，甚至化身为可旋转的陈列橱窗，取代了店内各出入口的门。书架环绕着顾客和读者，营造出一种不失时尚又有着老式书店和二手书店气场的氛围，邀请人们来探索这个空间，探索这片书籍的海洋。

阅读者自然是书店的目标客户群，有不少人逛书店其实并没有什么特定的购买对象，而是更喜欢随意地慢慢地浏览，在书架上寻找往日的心头好，或者开发新的阅读视野。顾客们在这里不仅能享受到摆放得条理清楚的各种类型的书籍，还可以享受亮度正合适的照明，以及散布在场地各个区域的方便就坐的桌椅、沙发，让他们能够悠闲自在地检视一番淘书所得。这种设计强调出了书店鼓励客人们阅读和浏览的大方态度，也吸引了更多的人在此更长时间地停留。

场地中还有各种不同的细分空间，规模都比较大，设计通过书架的分布、夹层的创造、低矮的顶棚，或者连接到中央主区域的凹进小角落的设置，带来了一种近乎于私密空间的氛围。唯一的例外是儿童读物区，这里的书架是白色的，空间明亮，气氛轻松活跃，以展现此间读物色彩缤纷的外观，为小客人们带来更愉悦的体验。

## Livraria da Vila 书店 Pátio Higienópolis 商场店

## LIVRARIA DA VILA BOOKSTORE SHOPPING PATIO HIGIENOPOLIS MALL

撰　文 | 夕颜
摄　影 | Nelson Kon
资料提供 | IW设计工作室

地　点 | 巴西圣保罗Pátio Higienópolis商场
面　积 | 766.24m²
设 计 师 | Isay Weinfeld
合作设计 | Marcelo Alvarenga, Katherina Ortner
建造时间 | 2010年12月～2011年8月

Pátio Higienópolis 商场店为单层空间，设计师首先创建出一个小中庭，放置杂志和纸张耗材等，同时也用作接待大厅。围绕着中庭发展出一个环状空间，从中庭穿过高低宽窄不一的通道，可以到达三个专业文献室以及演讲厅和咖啡厅，这些功能分区一个挨一个地布置在环状空间中，犹如卫星围绕着中央区域。

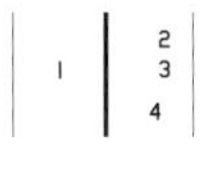


1 入口

2-3 入口与大厅间过渡空间

4 入口通往大厅的门洞

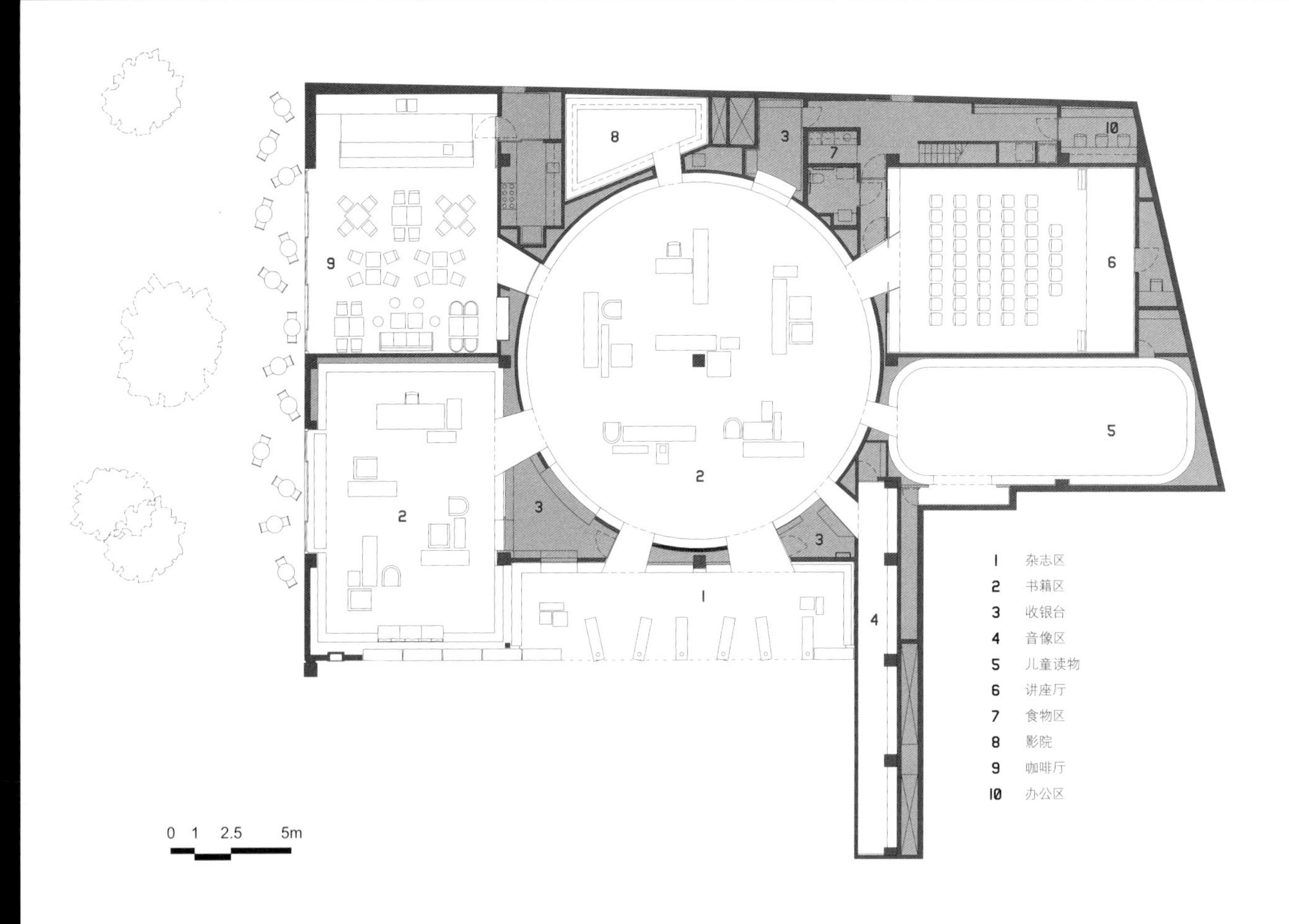
1 杂志区
2 书籍区
3 收银台
4 音像区
5 儿童读物
6 讲座厅
7 食物区
8 影院
9 咖啡厅
10 办公区
0 1 2.5 5m

1 平面图
2 大厅随处有椅子可供人们落座
3 大厅连接着环状的功能空间
4 大厅通往功能空间的门洞
5 儿童区

# Livraria da Vila 书店 JK 商场店

## LIVRARIA DA VILA BOOKSTORE SHOPPING JK IGUATEMI MALL

撰　文　夕颜
摄　影　Fernando Guerra
资料提供　IW设计工作室

地　点　巴西圣保罗JK Iguatemi商场
面　积　1 702m²
设计师　Isay Weinfeld
合作设计　Katherina Ortner
建造时间　2011年9月～2012年6月

JK 商场店是一个矩形空间，差不多有 Pátio Higienópolis 商场店的 2.5 倍大，场地状况也有较大差别。空间内层高达 4.5m，点缀着粗壮的方柱，巨大的落地窗可以让人俯瞰周围公园的景色。整个空间组织基本容纳了一家书店所需要的一切活动和功能。利用可观的层高，设计师还设置了夹层阁楼，将演讲厅、更衣室、员工区等功能区域放置其中。这样，在底层就有了足够宽敞的空间陈列书籍。

入口的旋转门以书架和展示窗的形态呈现，将人们引入一个低矮的小厅，这里摆放着杂志，强调出与放置书籍的高空间之间的对比。这种空间分配方式将有着老式二手书店怀旧氛围的小房间分离出来，更凸显了书店主体部分中类似 19 世纪图书馆大厅所具有的那种高阔与纪念性的特质。

高达 2.5m 的书架依然是这个空间中的标志性元素。变形虫般的书架在大厅中围绕着柱子蜿蜒盘旋，创造出开口、曲线和转角，也由此形成了私密的阅读或交流小角落——这也是所有 Livraria da Vila 连锁书店共有的特性。END

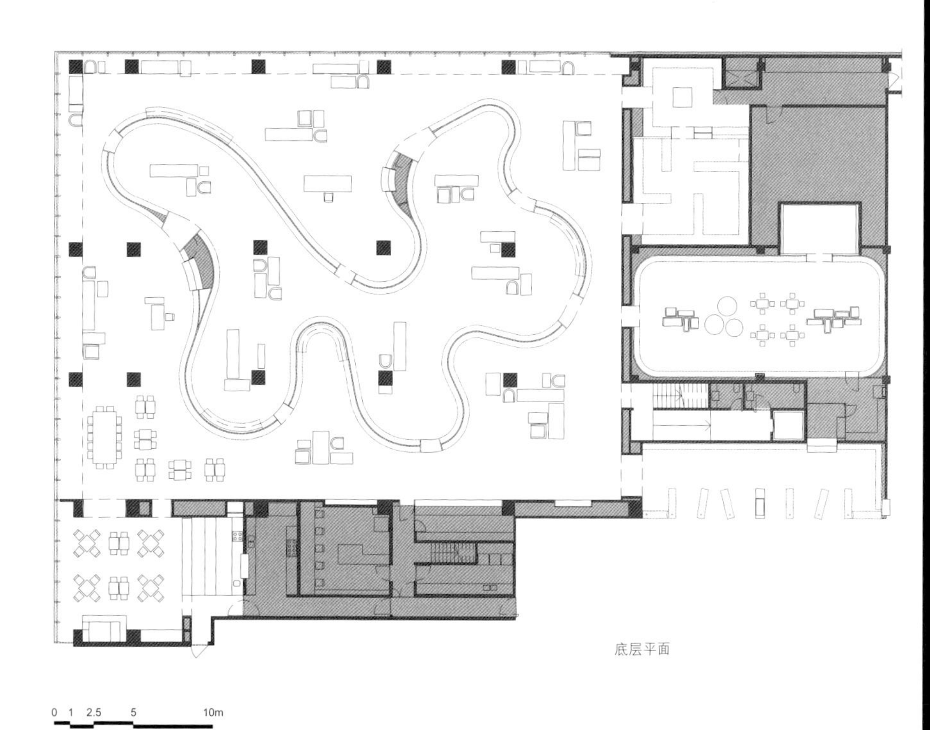


底层平面

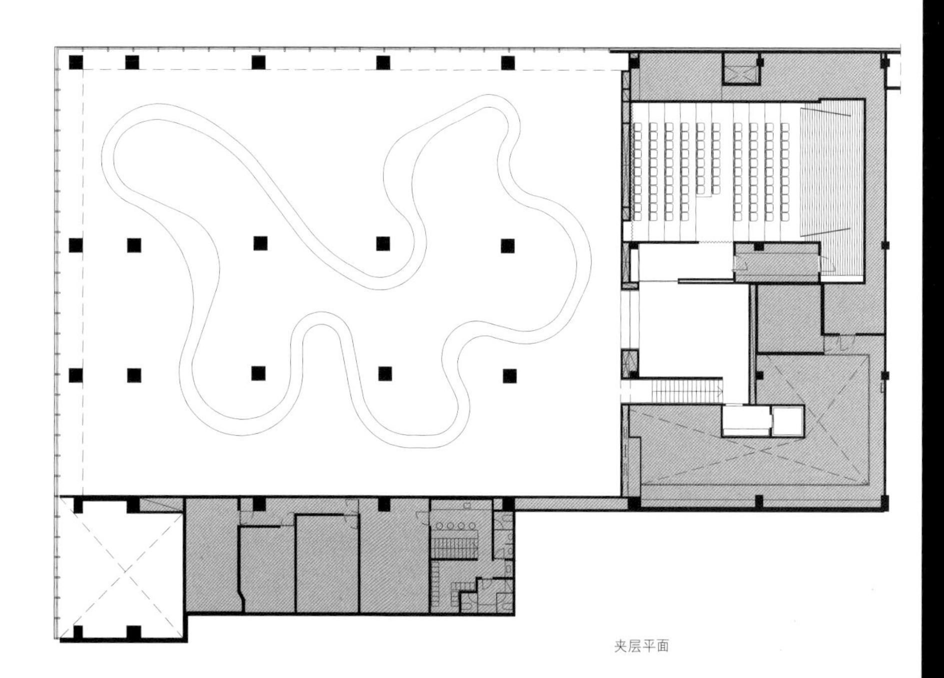

夹层平面

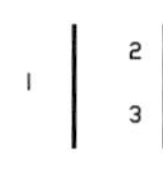


1 主区域
2 入口
3 平面图

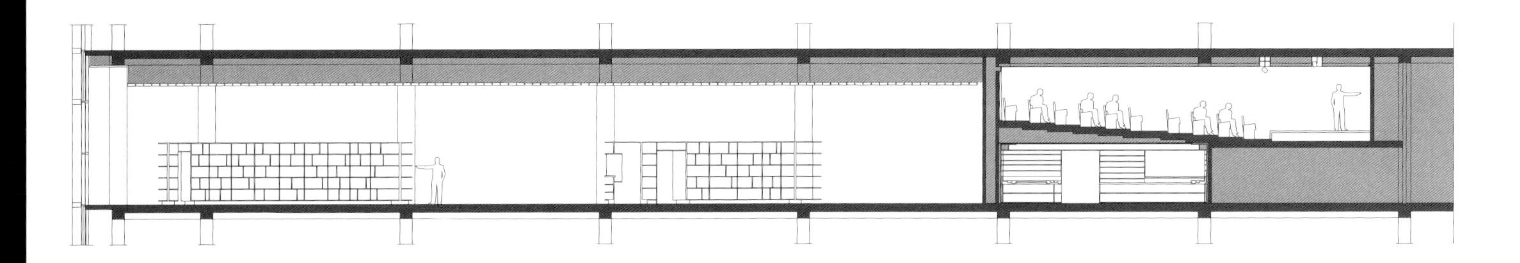

1 | 3 4
2 | 5

1 剖面图
2 书架围绕着柱子盘旋
3 书架也充当着隔墙，将空间分隔开
4 通往各个小空间的门洞高低宽窄不一，为空间带来了层次和趣味性
5 私密的小角落

Relatos
de Viagem
Guias de
Viagem
Brasil
Países
Moda
Design
Música
Infantil
Auditório
Revistaria

Arquitetura
LOFTS

# 地域文化与全球化发展

## —— 兼论东方性中的中、日建筑之差异

撰 文 | 叶铮

世上曾有过无数灿烂的文化传统，在数千年的历史演进中，现状却各不相同。“继承发扬传统文化”，如今已成老生常谈，初听此言，觉得讲得没错，既漂亮又充满激情。但仔细推敲，此言不适合所有的文化传统。并非所有的文化传统，都同样能适应今天的气候土壤。曾经因交通和信息的封闭，造就了形态迥异的地域文化。如今，交流的畅通，使世界充分相融。在西方文化与东方文化的博弈中，全球化进程及价值观已成当下强势的主流文化。而西方社会在这场主流文化的撞击中，已优先夺得主控权。面对如此背景，适者，则继续生存发展；不适者，则面临出局的选择。在此，文化基因决定着一个民族和一个区域，在全球化进程中的前途和命运！

多少年来，对本民族传统文化的时代追求，始终是设计人内心的梦想。早在业内沸沸扬扬的立场观点，体现着设计人执着的追寻，但现状却是雷声大，雨点小。更让设计人困惑的是，众多的努力方式却不知何从突破：有符号说、建筑说、空间说、意境说……也许是出于情感上的因素，越来越多的声音汇聚成寻求传统文化发展的呼声。因为，人们深感曾经有过的辉煌难以通过现代化的语言方式再续。设计人在迷雾中寻思、在困惑中迷失，更有在呼声中作秀……

有一个例子，似乎能帮助问题的破解。日本曾是中国文化狂热的追捧者，在与西方价值观念的撞击中，其传统文化成功地脱颖而出，做到了传统性与当代性、地域化与全球化的协调发展。不论是从建筑设计、室内设计，还是平面设计、工艺设计等方面，日本设计师都在各自的专业领域，成功将本民族文化纳入了当代发展的潮流，其作品让世界一看便知道是“日本设计”；同时在保留传统文化的过程中，又成为当下最时尚的表现语言之一。

同属东方文化的传统，甚至是传统中国文化的忠实的学生，日本在历史上几乎搬动了中国文化的方方面面。不论是对汉字的输入，抑或是文化形式、建筑风格的摹仿等，中国文化几乎在历史上占据了日本文化的绝大部分空间。草估一个数，应该有百分之九十的比例吧！问题是如此相同相近的文化传统，如今何以产生相当的差异呢？！

问题恰恰出现在这最后的百分之十里面。这最后的一小部分，保留了其本身文化的特质，成为明治维新后发展的潜在动因。可以说，前面的百分之九十，帮助日本在历史上迈向了现代强国的边缘，后面的百分之十，又使日本跻身当代世界经济、文化强国的行列。

无论过去和现在，从来都是好学生的日本国，从来也不会在学习崇拜外来文明中迷失自我。正如昨日对中华文明的摹仿一般，日本如今又开始追求西方社会的思想观念与技术文明，然而在崇拜与追随中，却始终守护着自我的独立精神，丝毫没有丧失自身的文化定律。比如，在东京如此现代的大都市中，到处林立着现代化的建筑，却不会存在西方建筑师的试验田，这说明日本的学习与引进，完全服从于自身美学的观念需求。又比如，日本产的各类产品，总是将质量最优的投放到本国市场，将次一些的产品销往其他国家。甚至于日本的风月场所，也仅提供给本国公民

1 京都二条城
2 京都仁和寺的斗栱木结构
3 日式传统立面的垂直平行线（吉岛住宅）
4 由和纸与木线条构成的图案风格（广岛某住宅）
5 日式酒店大堂中的格子界面（祇园畑中）
6 隈研吾设计的东京东急饭店（室内立面）

独享，谢绝所有外国来者，这在全球也是绝无仅有的。如上事例说明日本的自爱自尊已超乎世界各国的普遍程度。可见，在学习开放与坚守保护的过程中，日本都投入了百分之百的真诚与努力，吸取与坚守形成了其两条腿行走的对立统一关系，任何时候都不会顾此失彼。在学习吸纳的过程中，日本依然坚守或是改变了小部分的学习内容。恰好因为这小部分内容，形成了当代日本建筑设计走向世界的传统宝藏与民族性特质。如此情况，不局限于我们所熟悉的建筑设计等领域，更表现在社会发展的其他方面。

19 世纪 60 年代，日本推行明治维新，开始政体改革、全面西化、开展工业革命，由此成功奠定了向资本主义的转型，并使日本在日后迈向现代强国的行列。当时，正值清朝同治与光绪年间，尔后的中国亦相继出现无数有识之士，同样推举政体改革，主张工业革命。从李鸿章、张之洞、左宗棠等人的洋务运动，到康有为、梁启超的戊戌变法。他们无疑都是杰出的改革派，但最终还是失败了。为什么？归根结底，文化基因不同！

翻开世界现代建筑史，为何日本能涌现一批世界级的建筑大师，而我们有如此众多的设计群体和建设项目，却难以出现顶级大师？问题的答案依然是文化不同。就算偶尔出现一个富有现代感、又具有传统文化风韵的设计案例，也时常会被人感觉为带有明显的日本味倾向。悲也！人们不难发现，当代这批著名的日本建筑师，几乎都根植于日本传统文化之中，如黑川纪章、隈研吾、安藤忠雄等，都直接从日本传统的建筑文化中汲取养分，甚至许多是高度相似，直接移植提炼而成。仔细观察，这些如今依然活跃在当下设计语境中的传统内容，基本都是历史上从中国吸取后被改变的，或是保留原日本民间文化的那一小部分内容。

如下，让我们进一步破解在建筑设计领域中，那百分之十的差异性，并通过建筑表象的差异性，分析其文化内涵。

中国文化对日本文化的影响，同样体现在传统中国建筑文化对日本建筑的影响：有相同的山水观，继而产生相近的园艺形态和审美观，浓缩对天地自然的尊重与理想；有相同的建构性，都以木制建筑为本，都有类似的东方大屋顶和出挑的檐口及斗栱造型，还有许多其他相同或相近的建筑造型等等。可以讲，从观念到形象，甚至营造技术等方面，都产生高度的相似性。

除传统相似性外，从设计的视角，略谈几处不同或是被变动之处。

首先，中国传统建筑立面中的木作门窗花格的图案，是典型的中国建筑风格，图案精致复杂，以至于大多数设计人员都无法完整地默写其造型。而同样的立面门窗图案，到了日本就简化为有序的垂直平行线排列，或是矩形方格子的造型语言。而这一简化的因素，在当代的日本建筑，乃至世界建筑中，被广泛应用，构成了现代式的界面设计语言。日本建筑师隈研吾及其他著名建筑师的许多设计就是典型的案例。这一变化，反映出“有序”的文化特征。

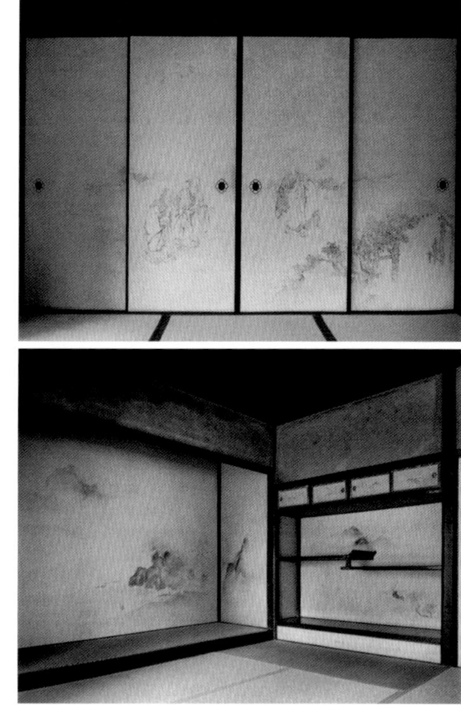

| 1 | 2 3 4 5 6 7 | 8 9 11 12 | 10 |

1 简洁干净的传统日式室内风格，京都龙安寺
2 修学院中的屏风移门，使空间设计格外简洁
3 桂离宫内的御床平朴安宁，榻榻米草席构成平面模数化空间
4 简洁的日本当代建筑设计（室内空间）
5 简洁的日本当代建筑设计（室外立面）
6 桂离宫中的御成门
7 桂离宫中的穗垣（围墙）
8 桂离宫中的御幸门
9 修学院下离宫中的东门
10 修学院离宫中的御座所
11 从下离宫中的寿月观向外眺望
12 桂离宫中敞开的立面，笑意轩

其次，表现为建筑内部空间的陈列装饰上。中国传统建筑的室内设计极为考究，从功能的详尽细化，到装饰陈列的众多布置，空间中琳琅满目，能工巧匠又使空间多姿多彩。无论是为官还是为商，皇宫还是民间，都不同程度普遍追求装饰华丽的效果。这一现象至今仍风靡整个设计界。

而传统日本的室内设计，一直保持高度的简洁单一，装饰风格较为平朴利索，极少有家具摆设。即便是皇室的室内设计，也同样十分干净简洁。同时，在室内功能的组织上，传统日式空间几乎就是当代的多功能复合空间。同一空间在不同的功能时段，分别扮演不同的角色，白天是客厅、茶室，夜晚就是卧室……而如此复合高效的空间利用，却鲜有家具陈设的出现。通常空间中只有一低矮的茶几与几个座垫，其余生活用具一应被藏纳于立面的壁柜之中。而榻榻米草席纵横有序，呈几何状网格布局，并有效形成了平面空间的模数控制。室内气氛高度安宁素静。这一变化反映出“简洁”、“高效”的价值追求，并在当代简约主义的建筑观念中得到有力的发展。

其三，就是围护墙体与入口大门的变化。通常，在体现身份与权贵的围墙及门头设计上，传统各国都是不惜重金浓墨重彩，而日本皇室贵族却轻描淡写，包括居室内部。桂离宫、修学院离宫、其垣（围墙）、门头的造型取材，无不追求简朴、低调。这一变化，又反映出“朴素”、“自然”的审美倾向，同如今的生态绿色思想也一脉相承。

其四，对于建筑的内、外关系上，中国传统建筑的亭子与宅子是两个不同的建筑概念，亭子是无墙有顶的建筑，而宅子是有墙有顶的建筑。而传统的日式建筑中，宅子通常同时兼备宅与亭的概念。在中国历史上，建筑的外墙一般是固定的。而日本建筑的外墙是可被自由移动的，如此开放自如的日本建筑，充当墙体的时常是由纸和木框架构成的移门。合上为壁，起到分隔内外的建筑功能；打开为亭，充分享有室外的无限风光。人在室内，却能坐拥屋檐外的一片世外景致，其自然造园的精彩，瞬间被吸纳到整个室内，相比简单平朴的室内空间，使人更加留恋外面世界的多彩。这一建筑现象，无论从皇宫还是民宅，无一例外，深刻揭示出，由建筑设计所映射出来的日本文化的“外向性”特征，即心系外界，座内向外，使人永远审视着外面的一片天地。

从上述建筑文化的不同之处，似乎可大略窥见日本文化中“有序”、“简洁”、“平朴”、“ 向外”的内心世界。如此文化特征，都不同程度被当代文化所包容。而这些传统特质的背后，却隐藏着更为深刻的文化内涵，即文化基因。

“有序”，是指设计中的秩序感，从中体现出理性、严谨的思维方式，和对事物规律探求的处事态度，即求真的思想。

“简洁”，直接导致设计中简约主义的盛行，同时在简洁中体现高效，从中反映出节制务实的心态。

“朴素”，是一种境界，表现为崇尚自然，追求清淡的审美观。而物质的简朴，最终导致内心的丰富与精神的禅意。同时，朴素的思想伴随着对自然的尊敬，在过去是一种人文修养，今天更是一种生态思想。

“向外”，坐拥观景，共享他方，其实深刻蕴藏着由内向外的索求需要。从学习摹仿到扩张侵略的极端形式，无不反映出这一文化基因的特质。

任何建筑图式，都能反映深层的文化心理。导致社会发展变革的深层动因，往往潜藏于各民族的文化基因中。日本，正是有“有序”、“简洁”、“朴素”、“向外”这些文化特质，使得日本在全球化发展的背景中依然保持其文化的生命力。

借鉴日本建筑设计的昨天与今日，让我们发现日本的现代化发展，有赖于日本传统的文化基因这一事实。这些文化基因，使它的传统与当下能一脉相承。而我们今天在提倡本土传统文化的同时，更需理性审视我们曾熟悉的传统，有什么样的特质能顺应当代化、全球化的进程，使我们的传统文化能在当代语境下持有旺盛的生命力。这需要我们认真思考、科学剖析。因为，并非所有文化，在任何时候都能与时俱进。

最后，我所提出的事例、观点及比较，想必也不是什么新鲜事物。而如此笔墨重提，只是因为中国室内设计界时常出现的盲目表现与言论，希望大家理性分析自身传统，科学对待今后发展。民族文化在设计领域的再继续，需要的是理性深刻地看待问题，而不是一句煽情口号！设计师们，切勿情绪化，切勿盲从、被忽悠！END

# 公共厕所设计：小空间，大释放

撰　文 | 井树

人类的想象力和创造力必须有可释放的空间，但这个空间倒未必太大。厕所是个小空间，但对人类来说却意义非凡，有人甚至认为人类的文明并非从文字开始，而是从厕所开始，因为有了厕所，人类才不必为躲避自己的排泄物而东奔西走，从而从游牧生活过渡到农耕生活。但在现在的中国，厕所设计往往被忽视，却也仍有建筑师认识到户外厕所和建筑内厕所空间的意义，并做了积极的探索和实践。

公共厕所能够怎么设计？大舍建筑设计事务所合伙人、主持建筑师柳亦春，同济大学建筑系教授、上海博风建筑设计咨询有限公司主持建筑师王方戟，致正建筑工作室主持建筑师张斌，东南大学建筑学院教授、博士生导师、UDG联创国际设计集团总建筑师钱强分别与我们分享了他们对此问题的回答。

## 柳亦春：嵌套盒体

摄　影 | 舒赫、柳亦春
资料提供 | 大舍建筑

**ID** =《室内设计师》
**柳** = 柳亦春

青浦区淀山湖大道绿地公共厕所
建筑面积：107m²
设计团队：柳亦春、陈屹峰、王龙海
设计时间：2009年3月~2009年6月
竣工时间：2010年11月

**ID** 淀山湖大道绿地公共厕所是大舍设计的，当时的思路是怎么样的？

**柳** 这个公共厕所是和一间管理用房一起设计的，建筑面积只有107m²。在绿地内盖房子，通常会选择的思路是如何让建筑与环境融为一体，但通常需要较多的半室外空间。在面积和预算都比较紧张的前提下，我们选择了更为紧凑、易于管理的方式，以简单、直接同时也略具抽象的“超平（super flat）”表面的盒体形态介入场地，与绿地景观之间建立起一种强烈的对峙关系。因为面积体量较小，所以这种对峙不会带来不适，在空旷的绿地中，反而能形成一种有意思的张力。

这个小公厕实际上是一种空间“嵌套”的做法，把男厕、女厕、残疾人厕所、管理间分别独立出来，再用一个大的“盒体”罩住，洗手池则直接布置在大盒体中。这样，从绿地进入大盒体，就意味着进入了室内，再进入更小的各个厕间，这时之前进入的大盒体就产生了空间定义上的暧昧，因为反过来从小厕间回到这个有着大天窗、甚至还种了一棵青枫树的大盒体时，就仿佛已经回到了室外，这个大盒体实际上相当于一个“亭子”，洞口由穿孔铝板封闭着，但自然风能够自由进入，在青枫树的上方的洞口，雨水也可以进入，这个具有某种流动性并内外交融的空间便是这个建筑与环境关系的直接诠释了。

开始时洞口是没有准备用穿孔铝板的，那时这个建筑更像一个假山，和环境的关系很好。但由于目前淀山湖大道周边尚不具备城市特征，只是在一片农田中连接青浦城区和朱家角的道路，在管理上需要将洞口封闭起来，以防厕所里的洁具等被偷走。被穿孔铝板封闭后的建筑显得更

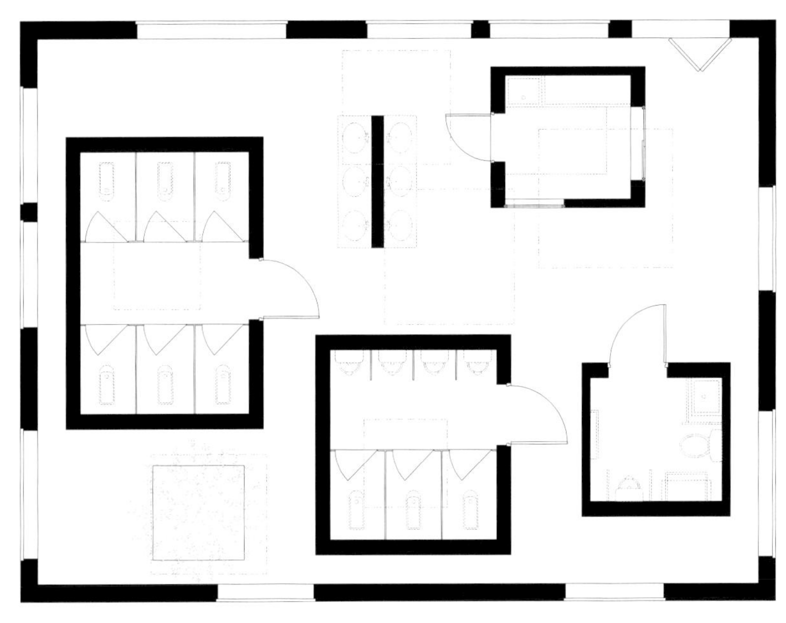

平面图

具城市的建筑特征，白天和夜晚会有不同表情，在夜晚，内部彩色的小盒体因灯光照射而从穿孔铝板后透出时，建筑变得更为有趣。然而，由于实际上淀山湖大道荒无人烟，穿孔铝板也难以阻挡盗窃者，最近一次路过，建造部门已经拆下了穿孔铝板，而用砖头封闭了洞口，他们说，等淀山湖大道两边的城市造起来后，再恢复使用这个厕所，目前还没有或还不想通过人力来管理它。

**ID** 您觉得公共厕所设计的切入点应该在哪?

**柳** 公共厕所和任何其它建筑一样，因为功能不同，会有从功能上的切入点；因为所处环境不同，也会有从环境关系上的切入点。每个建筑师也都会有自己所选择的切入点。在这个方案中，我们当然还是从环境关系上考虑得多一点，但也都是利用厕所本身的功能特点来展开，比如在使用上，男厕、女厕、残疾人厕所及管理间、洗手池的可分离性等。

**ID** 为什么会去关注这种被人忽视的小项目?

**柳** 也没有特别关注，任何一个建筑，无论大小都会有从建筑学上可以深入思考的层面。无论大小建筑，只要我们去做，我们都会重视，并努力发掘新的可能性。

**ID** 做小项目与大项目有何不同?

**柳** 与大项目相比，小项目当然容易控制些；但不利在于，因为盈利空间小，通常做小建筑的施工单位都不会是很好的施工队，好的施工单位一般都去做大项目了，所以，小项目要造好反而变得难了。

# 王方戟：消失的建筑

资料提供 | 上海博风建筑设计咨询有限公司

**ID** =《室内设计师》

**王** = 王方戟

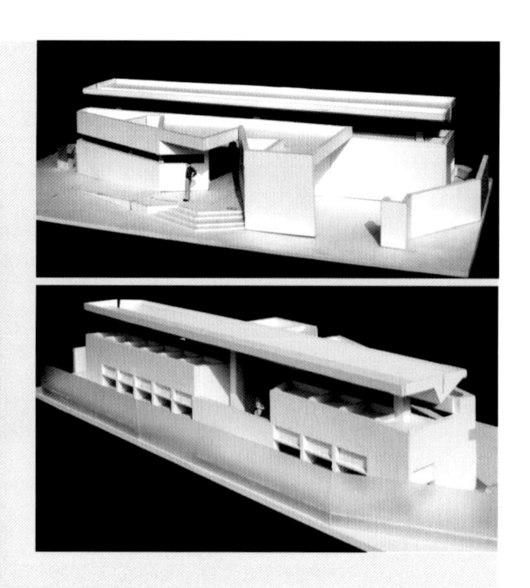

剖面图

嘉定新城远香湖公园桂香小筑
建筑面积 :100m²
项目负责人：王方戟、伍敬
项目建筑师：何如、肖潇、殷慰、李鹏
施工图配合单位：上海现代华盖建筑设计有限公司
设计时间 :2009 年
竣工时间 :2012 年

**ID** 能否介绍一下您设计的“桂香小筑”？

**王** 桂香小筑是处于嘉定远香湖公园东北部的一座公共厕所，今年 11 月刚刚竣工。它的用地比较狭窄，一面是城市马路，隔路与体量庞大的保利剧院及重要的公共建筑嘉定图书馆相邻；另一面对着进深并不大的公园绿地，一条公园内的景观道路在这一边贴着建筑。这个设计从这么个小房子与非常大的城市尺度对话关系，以及使用者在建筑中的使用体验这两条线索出发，在来自内外两方面的压力之间寻求一种平衡关系。

在处理厕所与城市空间关系时，我们想为它找到一个形式。这种形式在这个比较空旷的城市空间中，不会因为其体量过小而在周围非常巨大的房子面前显得很微弱；但同时，在公园中它又不应该因为过于宏大，而显得无法融进景色之中。在非常有限的三角形基地中，我们让建筑尽量贴近公园内的道路，并与城市道路形成夹角，这样就在场地上留出了一点点城市空间，在这里种上树将建筑与大马路在视觉上隔一下，让道路上的人感觉到这是一座公园里的厕所。

虽然建筑的剖面及空间比较复杂，但面向城市的立面被处理成一个简单的长方形盒子，而且有一定高度，以此使它具有一种纪念感，以与城市空间及周围的大房子对话；面向公园的立面则是凸出凹进的，尺度小小的，很罗嗦的样子，以获得与公园小尺度空间的匹配关系。

另一条线索是使用者的体验。我对小时候家边上的公共厕所印象很深。那时的公共厕所虽然蹲位间没有隔板，私密性不太好，但屋顶非常高敞。建筑上面有天窗，下面有装着百叶的小气窗，通风很好。房子给人留下的是一种空间宽大开敞的印象。设计这个厕所时，我就很想要重复这种感觉。现在的厕所厕位之间都要隔开，在一定程度上很难做出这种空间宽大的感觉。我们想的便是如何在今天的厕所需求与过去的厕所感知间找一种关系。两种感觉在设计中不断接近，平面和剖面的关系逐渐融合，到最后就大概有了现在这个结果。

从剖面关系可以看出来，建筑有一个高高的独立屋顶。这个屋顶与下面小尺度使用空间在结构上是脱开的。两个结构之间的中空部分就是我们想要的，非常大的天窗。这个天窗不但方便通风及采光，也给了人们一种老式公共厕所中高敞空间的回忆。这个顶不仅负担了内部空间的诉求，同时因其高度及整体感在城市空间中获得了一种具有公共性的表现力。这个大结构的屋顶悬浮在建筑上面，在白天从城市道路方向看过去，由于下面有玻璃的封闭，它是一个完整的体量。到了晚上，内部的灯一开，玻璃的界定弱了以后，就看可以见它暗含的表现力从内部传递出来。

厕所每个厕间里都有可以开启的窗。这个窗与高敞屋顶下的天窗形成通风的效果，使建筑里空气流通非常畅快。洗手间兼门厅两侧的墙在平面上被设计成“八”字形，使来自公园湖面的风可以在这里被挤压，形成通风效果。洗手池前建筑边植上两棵桂花树，到了秋天，洗手的时候，外面清风吹来，就可以闻到桂花香味，这也是这个厕所名字“桂香小筑”的由来。

每个厕间比一般厕间略微大一点，这样每个蹲位就都可以面向一扇窗，而不必面向

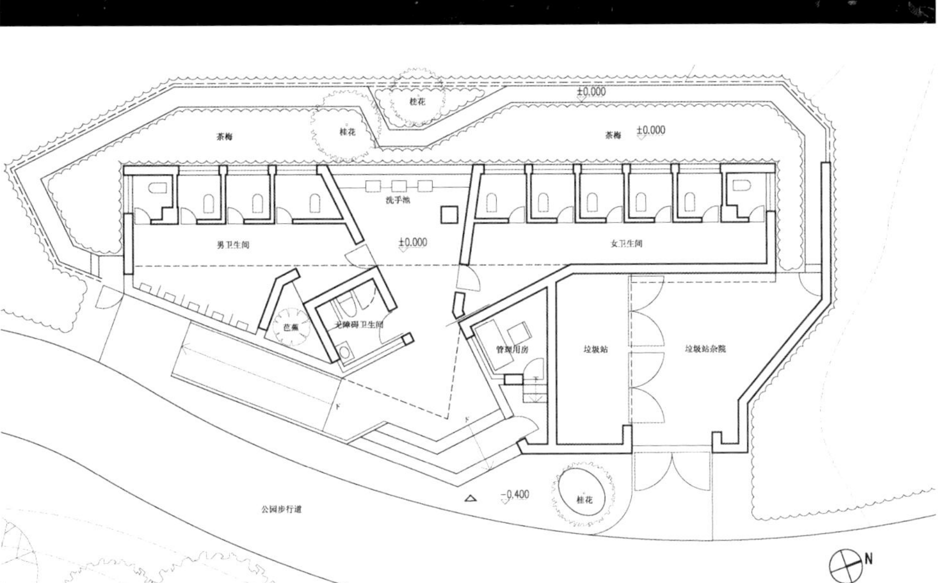


平面图

墙壁。厕间里的窗分上下两个扇，上扇是可开启的，用来通风；本来设计里把下扇做成单面反射透明的，以使上厕所的人可以透过窗看见外面花园里种的茶梅，花园外用篱笆遮拦，以保证私密性。后来单面反射透明玻璃被别人改成了磨砂玻璃，使厕位里的空间变得闭塞了；但在光线好的时候，茶梅的叶子及花靠在磨砂玻璃上，上厕所的人也可以隐约看到外面的绿色或红色，应该也是一种趣味吧。

这个项目太小，很难受到各方重视，施工过程中有很多无奈。虽然施工中有那么多问题或错误，但最后最主要的空间关系都塑造出来了，设计中最核心的东西也还在。回过头来想想，大多数做错的地方一般的人也很难感觉得到吧。

**ID** 对于好的公共厕所建筑设计，您的标准是什么？

**王** 我个人标准是想让厕所建筑尽量通透，并给人一种轻灵的感觉；人的视线可以看得出去，但维护好基本的私密性；最好让人在使用过程中感觉建筑好像不存在，不让建筑对人形成压迫感。有一次在讲座上，我给我的学生同时看了建筑的模型与实体照片。他们非常不理解为什么建筑用了绿色的面砖。当然用白的面材建筑会显得比较酷、有整体的体型感，但这并不是我想要的。在这个特定的公园环境中，我并不是很想要一个形式上非常抢眼的建筑；而且再抢眼，你那么小一个厕所，能抢得过隔壁的保利剧院及图书馆么？所以，在这里我更想要一个消失的建筑。在这个公园的环境里，等到建筑周边的树都茂盛地长起来，它们就会把建筑遮得差不多。这时，它那绿色的表面就会跟那些树形成一个整体。

我觉得现在建筑界讨论建筑时经常有一点迷失，讨论了过多观念上的事情。观念虽然需要讨论，但讨论过多会给初学者一种错觉，认为建筑是一种观念艺术。但建筑师本质上是职业性很强的，他们设计出来的东西除了观念的印证外，也必须非常好用。大部分建筑要长时间使用，我觉得建筑跟使用者之间的关联、建筑本身的耐久性、技术的可行性、建筑构造的简洁好用等这些问题是非常需要被讨论的。

**ID** 那这个厕所的耐久性怎么保证？

**王** 我想象的耐久性是一种很皮实的感觉。比如对于这座房子，我在设计时想象得比较悲观，我想它也许就是那种在公园一个角落中经历了多年风吹雨淋，很少能得到维护，使用的人也不是非常爱护的房子。我想的是即使在这种不是特别好的情况下，它也可以不至很快就非常破败；建筑的大骨架，大空间感觉也始终比较顽强地存在；建筑的基本五金件及装饰件也不至太有大问题。目前这个建筑上的面砖及清水混凝土在耐久性上的问题应该不是很大；面砖在下雨时能自洁，不用太多维护；在江南地区铁件放外面，没人维护的话时间长了要生锈，所以暴露在雨水下的构件尽量不用铁件，用了一些不锈钢。这座房子的耐久性究竟怎么样，现在还看不清，还要等四五年才能看清楚。

**ID** 这种小项目，跟大项目有什么不同吗？

**王** 从建筑设计的角度看，大项目与这种小项目并没有什么不同。无论规模大小，都需要很多对建筑学范畴及项目具体范畴问题的思考，也都需要很多时间的投入，需要各个方面的配合，需要在项目进展之中对具体困难而引起的变化进行设计调整。当然小项目相对条件单纯一点，设计上余地大一些。能有业主委托我们做这样的项目，让我们感觉很幸运。

# 张斌：私密地看风景

资料提供 | 致正建筑工作室

**ID** =《室内设计师》
**张** = 张斌

**ID** 请介绍一下您设计的青浦南菁园公共厕所。

**张** 这两个厕所是在 2007 年设计，2008 年竣工的。当时青浦规划局找到我们，想把南菁园里两个公共厕所给我们做，一个在公园围墙边上，一个在儿童植物迷宫和篮球场交界区位。做这两个公厕，我主要是想探讨一种关于上厕所的身体体验。我小时候上厕所都是到上海弄堂里或老家村里的公共厕所。村里男子上的厕所很简陋，小隔间三面有墙，上面有顶，但正面对路敞开，没有隐私性，但大家也熟视无睹；坐在这里上厕所，可以看风景，会看到有人走来走去，村里女人倒马桶，买菜的人也会路过……你可以看，也可以不看。我去的弄堂里的公共厕所，矮的隔断大概不到 1m 高，站起来就看见整个厕所，蹲下来就隔开了，整个空间似隔非隔，是融在整个环境和人群里的，满足的是生活的基本真实需要。

这些体验很有公共性，都很深刻地印在我脑海里。虽然也有弱点，比如气味干扰大、私密性差，但在体验层面上跟现在不一样。现在的公共厕所一般都很机构性，有很多规范标准，环境很好很干净，有很多隔间很私密，但却把人关在了一个小黑屋里，采光通风只是为了满足所谓的性能要求，人在上厕所时不会有什么体验，这跟我以前生活经验中的厕所完全不同。这种状态引起我们的一些想法，比如做公共厕所是不是就要这样。

**ID** 具体是如何做的呢？

**张** 我们根据各自场地特性，结合关于上厕所的共同思考——希望是可以私密地看风景的厕所。我们把隔间做得大一点，马桶对着的前面是一大片玻璃落地窗，外面是用可能两米多高绿篱围合起来的小花园，人坐在座便器上，对着的是一个亮亮有光的自然景观庭院，私密性也有保证。两个厕所都这样做隔间，就希望在这个隔间里的体验和一般机构性厕所不一样。

靠着围墙的厕所是长长的一排，因为边上是起伏的坡地景观，所以在厕所上面做了一个坡，人可以翻过去，靠着围墙做了个长庭院，人如厕时可以透过玻璃窗看到庭院景色。植物迷宫和篮球场交界区位的厕所，被我们分解成男厕所、女厕所、残疾人厕所、管理房间、球场运动器械储藏间，五个房子加起来只有 80m$^2$；我们把植物迷宫的碎石路径延续进厕所空间，再穿越出来，厕所中形成了一个小的公共庭院，这就像串在迷宫里的小村庄的感觉，大家进进出出可以在小庭院碰到、等候或小孩在这玩玩水。这种意识来自我小时候在弄堂或乡下上厕所的体验，我想在满足目前厕所要求、私密性保证的前提下提供社区社交的可能性。

设计时，我们就提出要不要跟以后负责管理的环卫局沟通一次，负责建设的新城公司说这么简单的厕所就不用了吧。我们一开始也没有意识到不坚持这个沟通的严重性，设计完也造好之后，刚移交给环卫局运作管理，他们就把我们设定的东西全改掉了：用不透明膜把落地玻璃盖掉了，绿篱也拆了，小庭院绿化和碎石路径全部改成了花岗石铺地，还用边上球场的护栏把那五栋小房子围了一圈，就像坐在大牢里的小房子；另一个厕所的院子全改成水泥地，用来让管理员晾衣服。我们这设计就完全废掉，白做了。过后我们也反思，问题也不是出在管理部门，也不是说一定是我做得不合理。

**ID** 那问题出在哪呢？

**张** 中国公共设施的建设流程是充满问题的，整个流程没有环节保障一个良性设计往下推进落实到最后能够使用。厕所就两类人用，一类是管理方，他们觉得这样设计以后，管理方式就不在他原来机构性厕所的管理运作轨道上了，管理起来比较麻烦，但这些问题其实都是可以探讨的，如果我们前期就把想法跟管理方沟通，说不定他们可以理解，可能会有一些回馈意见，稍微做些修改就可以。做好沟通既能让想法很早就有检验，做得更扎实，也在往下做时能更保险，不至被人由于不理解而废弃掉。另一类使用者是公众，公众是抽象的，但我们可以有些想象，我把我的如厕体验、回忆再整合进其他一些感受，我觉得这些感受在某种程度上应该可以由己及人，因为厕所是私密空间，满足的是人共通的基本需求。我个人跟公众体验之间应该没有本质区别，比如希望上公园的厕所时能看见自然、不希望被关在一个小黑屋子里，一般公众也可能会没想到厕所可以这样上。

设计是为人设计，房子建完只是开了个头，还要让人用，我作为设计者当然想跟使用者、管理者、建设者等各方面多沟通，但我们总也碰不到或很难碰到真正的使用者。没有跟使用者的良性沟通渠道和平台，设计就是在真空里做，设计想法也就很难在运作中保证落实，一旦投入社会现实，就会被瓦解掉，当然做不出真正意义上可以落地的房子。在这种情况下所有创新都是存疑的，只有设计层面的所谓创新，落实不到真正的社会结构运作层面，这对建筑师来说是蛮痛苦的。

我们希望关注使用者，但在目前这种永远至上而下而没至下而上的运作方式中，我们能做的只能由己及人，通过不同项目总结得失，凭借自己的经验去做判断，只能说凭良心做事。

**ID** 当时为什么会想去做这样的小项目？

**张** 我们是把这个作为一个题目去看——“厕所能够怎么做”。我们工作室的实践立足点还是在中国真实状态下，通过不同项目实践，理解、融入、探讨这个社会。从这个角度上，我们可以在小项目上不计成本，青浦南菁园两个厕所加起来 140m$^2$，出了三四十张图，大都是 0 号图，我们把建筑、室内、景观全都做了，好像做得很完美，建得还算顺利，但一建成，我们的设计就被废弃掉。我们有兴趣做小项目，但似乎好多时候没保障。我们有良好愿望，但达不成。

**ID** 您觉得设计小项目和大项目有何不同？

**张** 我觉得有两点不同。第一，一般来说，大项目比小项目好做，因为大项目牵涉利益大，领导也关心，方方面面的决定因素很多，一汇集，综合一判断，基本上可走道路不多，往往会一下找到一条可行道路；小项目，往往有些因素刚开始被屏蔽掉了，就以为可以完全从自身经验出发做判断，比如青浦厕所，因为前期没沟通，管理方意见首先就被屏蔽掉了。

第二，各个地方的小型公共设施、厕所、茶室之类一旦造出来，都会面临怎样被使用及管理的问题，因为小房子成本很低，会被乱用乱改，甚至被荒废或被完全覆盖掉。而大房子成本比较大，就不容易被随便乱用乱改。

大项目当然也有很多问题，经常建完后会空置，或用途或某个局部被改掉，因为造的时候业主也往往还没想清楚房子要做什么用途。所以我们经常开玩笑说，中国建筑师的房子考验的是改到一塌糊涂了，这房子还能成立，还能认得出这个房子是谁设计的。当然，这种种改造在社会整体层面上也是合理的。

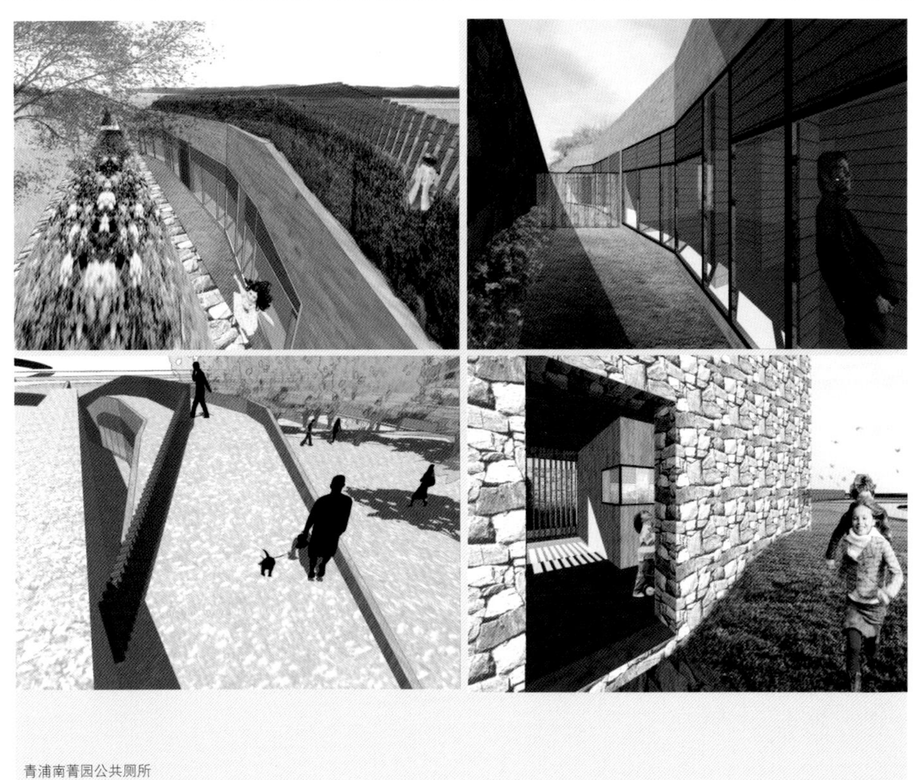

青浦南菁园公共厕所

建筑面积：140m²

设计团队：张斌、周蔚、王佳绮、金燕琳

合作设计：上海市政工程设计研究总院

设计时间：2007 年 04 月 ~2007 年 10 月

建造时间：2007 年 11 月 ~2008 年 11 月

南菁园公共厕所分为两处，一处厕所位于南菁园西侧，紧靠干砌块石的公园围墙；一处厕所位于公园东南部儿童游戏区植物迷宫与运动场之间。

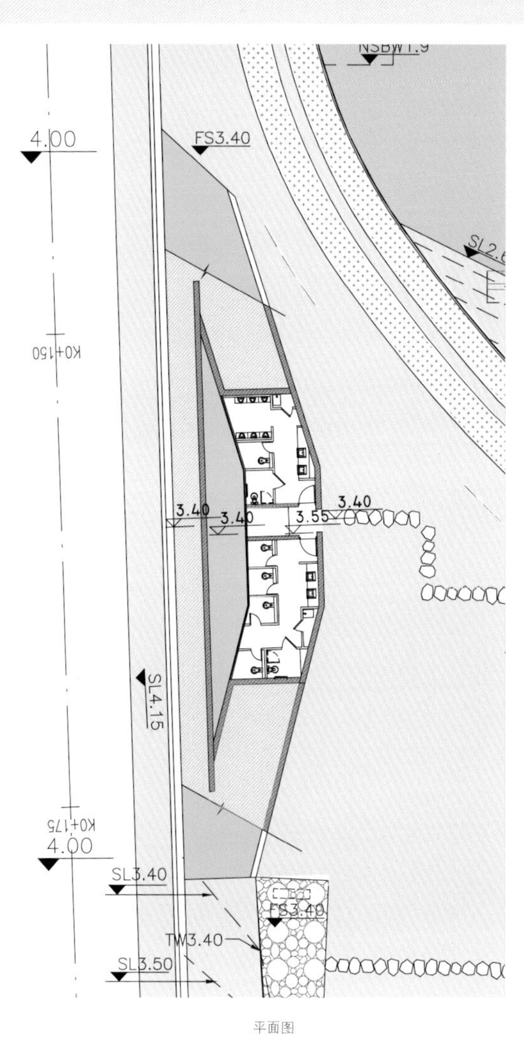


平面图

鸟瞰图

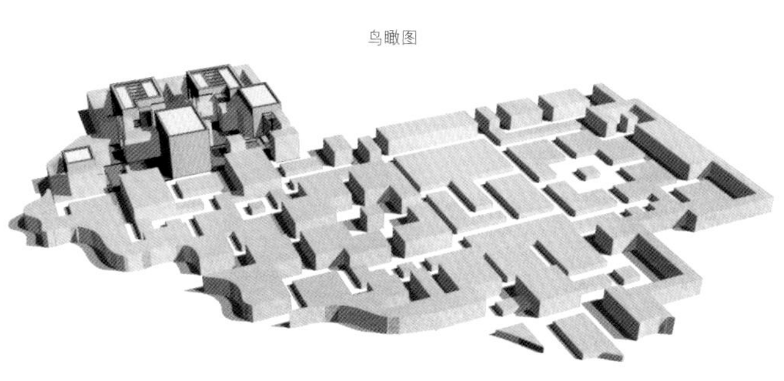

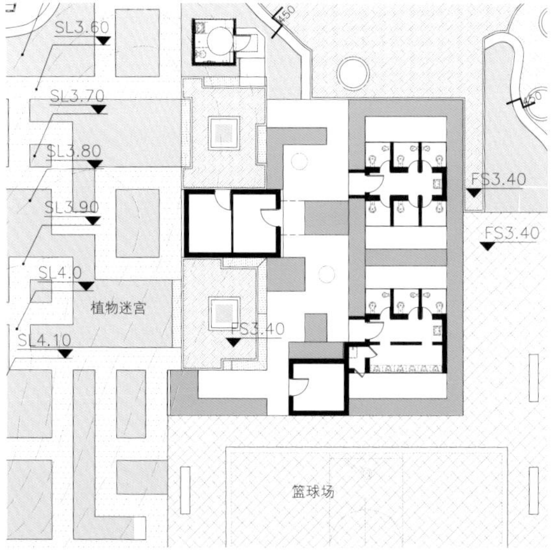


平面图

# 钱强：好建筑必有好厕所

摄　影 | 钱强

**ID** =《室内设计师》
**钱** = 钱强

**ID** 您在微博上呼吁“好建筑必有好厕所”，引起了蛮大关注，您觉得建筑里的厕所空间有必要值得建筑师去重视吗?

**钱** 建筑空间的本质（原点）是给人们提供一个安全、舒适、高效以及其它附加值的使用空间。尽管建筑的造型和外观对城市形象和企业气质的表达非常重要，但和建筑的对内和对外的使用空间的品质相比，建筑的外观真的不那么重要。我们是不是应该更多地关注住宅的隔音、隔热，是不是应该更多地关注办公建筑空间的高效率、高舒适度以及办公空间的知识生产性这些高附加值的问题，而不仅仅是外形。厕所是人使用的建筑空间里非常重要的组成部分之一。人一天 24 小时，除去 8 小时睡觉，要去 5~6 趟厕所，厕所发展演变史与人类社会发展史其实是一致的，随着社会不断进步，人对厕所的要求也会不断提高，和人们生活如此密切相关的空间，没理由不设计好。国内忽视厕所，我觉得跟国际是不接轨的，比如日本，无论市场、甲方还是设计公司本身都对厕所有一定要求，卫生洁具生产厂家如 INAX、TOTO 对厕所也有大量研究，不断研发出新产品。

好多国外大师对建筑作品里的厕所也都会有所设计、把控，他们的厕所基本会跟建筑风格一致；我也一直认为对于公共建筑和办公建筑，建筑师至少要做到公共空间部分的室内设计，因为这是建筑空间从外部到内部的延续，是建筑空间表达的重要组成部分，比如日本建筑内部的公共部分如厕所、门厅、楼梯、过道就是由建筑师负责设计的。但中国建筑师几乎放弃设计厕所，要么随便套图集、要么交给室内设计师，从而导致大多中国建筑师只会做毛胚房。放弃设计，也就放弃了这部分的权力和责任。

我们作为使用者也有体会，国内有些厕所在设计上非常不到位，厕所空间很大，空空荡荡，但最基本的功能需求都没考虑到。比如国内的男厕里一般都没有物品搁放台，非常不便；还有“向前一小步，文明一大步”等标语，能不能通过设计手段就让人向前走一步，文明起来而不要通过标语提醒? 比如通过用不同材料或略有高差限定站立区、抛物线落点位置标明等。国内的厕所设计一直没有进步，反映问题的渠道也没有，我对南京火车站的厕所印象最深，刚建成时是这样不便，改造完还这样。

我只是觉得国内设计师太缺少对细节的关注，跟人的行为、人的日常生活工作密切相关的细节，对这些细节的关注才是社会进步的一个标志，所以想做一下呼吁。

**ID** 这种小厕所空间怎么才能设计得好?

**钱** 虽然厕所是小东西，但上厕所有进厕所、大小便、洗手洗脸化妆、出厕所四个过程，每个过程都有很多学问，在设计过程中要解决的问题很多，是需要花功夫设计的，仅仅把它们定位在技术层面是不对的，比如最基本的进厕所环节，男女标识一定要明确，要考虑怎么通过标识位置、类型等方便顾客准确判断。几年前我为东南大学转系转专业的同学出的建筑基础知识考题里，就有一个小设计：把中大院里的厕所蹲位全去掉，看怎么重新布置最合理。我就是想了解一下这些想进建筑学院学习的同学是否对日常生活有所关注和思考，能否发现一些问题，并有一些自己的想法。

我在日本工作时，公司经过长年累月的设计和施工实践后，也有总结出舒适厕所的设计要求，做成手册发给员工，员工做设计时就按那个企业标准做，就能达到一个好厕所设计的标准，因为企业标准一般高于政府。结合他们的标准，我觉得厕所设计要考虑四点：

第一是解决基本功能问题。包括针对不同年龄层对卫生洁具类型及尺寸的选择，比如分别针对两三岁小孩、小学生、初中生，用不一样尺寸和类型的洁具；不同场合男女蹲位数的比例调研；对洗手洗脸、化妆、存放打扫卫生洁具的小空间的考虑；有时还要考虑厕所的更衣功能。无障碍设计和多功能厕所的需求可能也会越来越高；在人流多的公共建筑和商业建筑，女厕前还要留出排队空间。

第二是卫生。包括门把手是否脏，但自动门就不会有这个问题；选择材料时，最好考虑选择防臭、防污染、易于打扫的。

第三是舒适。要考虑包括通风，及时排出不舒服气味；考虑适当光照跟厕所舒适度的关系；小便斗、蹲位之间的舒适间距及各自舒适尺寸，以及舒适通道尺寸。

第四是安心。这主要是视线问题。一般我要求做厕所设计时，通过布置方法或视线的遮挡，即使不设门，外面人也看不见里面的小便斗或蹲位，如需要门最后再加门。如果没这个要求，设计师往往就有惰性，觉得反正加了门，但即使有门，如果没设计好，门在开闭过程中也能看到里面，而且门还有把手会脏的问题，也还是会给人一种不安全感。出门时的视线也要考虑，比如刚好碰到对面熟人也出来，打招呼还是不打? 在设计时也要考虑这种难堪；还有可安排适当背景音乐消除如厕声音的难堪等；另外小便斗两侧如果有小隔墙，也会让人产生安心感，这些虽然都是细节，但很多细节累加到一起，就体现出一种人性关怀，就能提供一个舒适、安心、卫生的厕所。

**ID** 在中国这么快速发展过程中，设计师是否可能也没太多精力去把一个小厕所空间考虑得这么细致、人性? 您的呼吁是否不太现实?

**钱** 如果有了标准，按标准去做就行，并不会花很多时间和心思。当然中国现在快速发展，对这些细节还不太关注，但随着生活品质不断提升，我觉得越来越多人会关注到这点。这也完全凭建筑师的良心，如果觉得厕所很值得重视，就要认真对待，把东西都做好，建筑师会有自己的标准，事务所也会有事务所的标准，就按这标准去做。

**ID** 您觉得厕所空间设计的未来还有什么样的可能性?

**钱** 我觉得可能性在于两点，一个是卫生洁具本身的不停发展，比如带冲洗座便器、上完厕所就能马上出化验单的座便器，这种新科技新产品对设计会有一定影响。

一个是人习惯的改变。如瑞典地方议会提交议案“男人必须坐着小便”，因为大家都希望厕所很安静很清洁，不希望地面很脏。还有 2009 年 TOTO 以 500 名 20~60 岁的日本男性为对象进行了问卷调查，调查结果显示，对“在家小便用何种姿态”回答“在抽水马桶上坐着小便”的，2004 年为 23.7%，2009 年为 33.4%。5 年间上升了 9.7%，并有扩大趋势，主要原因是女人打扫卫生，讨厌男人站着小便滴滴答答，勒令男人坐着小便所致。我不知道这种趋势是否会在不久的将来对厕所设计产生影响。END

1 2 4
3 5
6 7

**1-2** 男厕小便斗前物品搁放台；通过地面不同的材质设有 1cm 左右高差，限定站立区，以及抛物线落点位置标明，从而通过设计手法来实现"向前一小步，文明一大步"

**3-4** 伊东丰雄设计的仙台媒体中心厕所外立面及多功能厕所，厕所与其建筑风格相一致

**5** FOA 的横滨港码头设计，厕所墙面倾斜、采用拉丝不锈钢板与建筑设计的未来感有所呼应

**6** MVRDV+ 竹中工务店设计部设计的东京表参道 GYRE 厕所，为方便化妆，镜子双侧受光

**7** 安藤忠雄设计的西田哲学馆厕所一部分用清水混凝土做墙面，非常简洁

《室内设计师》
感受设计系列活动

# 宁波泛太平洋大酒店室内设计研讨会

# SYMPOSIUM ON NINGBO PAN PACIFIC HOTEL INTERIOR DESIGN

撰　文 | 藤树
摄　影 | 潘宇峰

2012年10月20日，金秋时节，正是一年菊黄蟹肥时，江浙沪的二十余位室内设计师及建筑师齐聚由姜湘岳担纲室内设计的宁波泛太平洋大酒店，庆贺上瑞元筑成立十周年的同时，也围绕这个酒店的室内设计过程，展开了一场“对话姜湘岳”。

对话前，姜湘岳首先分享了他设计过程中的一些经验和反思。这是个国有项目，“业主有些不同的选择带来的不是设计师能解决的困难。”而且，“有些国内项目做得再好，也会很快衰老，因为管理水准不一样。”正因为意识到管理水准对酒店项目的重要性，姜湘岳对这个由新加坡泛太平洋管理集团管理的项目比较珍惜，他希望表里如一地体现酒店的品牌精神，并在管理集团面前有所表现，给公司寻找更广阔的舞台，但这也是姜湘岳的公司“跨步比较艰辛的一个项目”。

剖析这样一个项目，折射出当前国内建筑设计行业的多种景象。通过姜湘岳以及与会的多位知名设计师发人深省的讨论，希望带给读者更多思考的空间。

## 业主

**范日桥（上瑞元筑设计顾问有限公司总经理、董事设计师）**

我们特别佩服你可以把执行贯彻得如此坚决，完成度如此高，这在我们的生存环境里是非常艰难的。

**姜湘岳（江苏省海岳酒店设计顾问有限公司总设计师）**

我在设计上是一个比较强势的人，不管施工单位还是家具厂，只能听我的话去执行，不允许有创造力，不允许其他单位对我们的图纸进行深化，我把这种关系跟业主摆正，他就知道执行是多么重要。遇到一个看上去傻里傻气却又很崇拜信任你，比较“放”又比较有实力的业主，是比较幸福的；如果老是提防我或要把自己的意志贯穿进来，就比较可怕；还有一种业主，比如空间上用两千万，愿意用八千万花在装饰上，活动部分要求有很好的使用，有这样的理解基础，大家就比较谈得来。

**范江（高得设计首席设计师及总经理）**

业主有时候越是非常信任你，实际上你付出的可能会越多；如果老是怀疑这怀疑那，改这改那，到最后你确实有心无力，没办法做好。另外，我们实际上是在把控业主的行为，他从消费者或领导的角度揣摩，感觉可能大多数人不会接受这种方式，觉得没见过的东西不保险，最好有参照，比如照香格里拉做，80% 不会错。所以我觉得是不是有什么方式能更好地去实现没实现过的东西。

**姜湘岳**

我觉得有时候真的靠运气，有些问题设计师不能解决，这也很遗憾。

**谭晓芸(赣州宇田装饰工程有限公司设计总监)**

我1993年就开始做酒店，1999年做了一个四星级，我觉得做一个酒店真是很不容易，跟业主的协调很困难，但有时候也真的要关注业主的一些要求。有一次我终于碰到一个很好的机会做酒店，五星级，投资1.8亿，而且甲方是我先生，我想我应该可以拿出我所有精力所有武功好好发挥一下了。第一轮方案介绍完后回到家，我先生就说，必须要换设计师，这给我很大打击。我心里非常抗拒，觉得好不容易做了那么多年，终于等来一个机会可以真正跟甲方好好沟通，但他说我现在心态不正，没有真正从一个投资者的角度上去考虑投入和回报，到酒店来的人并不都是设计师。

我也很喜欢去看一些好酒店，有一次我记得是到马尔代夫的安娜塔拉，那是一个德国建筑师投资和设计的，整体性特别好，太美了。我的一个亲戚当天到那以后就很兴奋，酒店有一个很浪漫的床，床在室内，可以移动到室外，但设计师只考虑到浪漫，可能没考虑到客人的使用，一旦轨道没锁定，就容易摔跤，我那个亲戚把一个脚搭在上面拍照时就摔倒了。我自己也在酒店受过伤，可能很多酒店管理公司会更注重造型、色彩、材料，但安全性方面，我觉得也值得探讨。

**徐纺（《室内设计师》主编）**

开业到现在，酒店方面有些什么反馈?

**姜湘岳**

新加坡的管理方比较满意，业主也感觉比较有面子......对我们来说，还是有一定的好处，总的来说，我们的努力还是有一定回报。问题，我自己也总结了很多，以后不管是在策略或自我要求上，还是要提高。

## 合作

**孙天文（上海黑泡泡建筑装饰设计工程有限公司总设计师）**

能把项目做到今天这一步，已经很幸运。在一开始，设计很重要，创意很重要，过了这个阶段，到最后要掌控的不是设计，更多的是各个专业之间的大量协调，到了现场最重要的还是协调，能完成到这样，已经很难了。我这次来，并不太关注表面效果，而是更关注幕后，比如从地下后场的门进来，然后从里面怎么出来。表面这些，我自己来都能看到，幕后这些，没有人领是进不去的，真正的功夫就在那个地方，但可惜我们没能进入看到。

**姜湘岳**

孙老师讲的确实比较到位。后勤部门的总体布局做得还比较标准，因为业主有顾问团队，也有几个非常有经验的工程师。中国最可怕的就是消防，有很多一定要执行的规范，但关键是中国的规范不讲理，但这也不是我个人，主要是管理公司、顾问团队提出很多都比较正确的想法。

**金捷（合艺建筑设计事务所执行董事、总建筑师）**

虽然没有很仔细看里面空间，但我感觉建筑和装饰非常表里如一，建筑设计做得很好，室内也非常得体。而且我一直有一个个人观点——中国的城市建设中，规划师水平最差，建筑师第二，跟国际接轨最好的是室内设计师。

**高蓓（UN+ar-chitects(中国)建筑设计事务所执行总裁）**

我是建筑师，但我竟然完全听懂了姜老师

所说的一切，所有苦，我真的感同身受，刚又被金捷说建筑师是全中国最差排第二，我觉得要鼓励一下自己。但我同意金捷的观点，我到国外会发现，所有国外的室内设计师做不过中国，特别是杭州、南京、苏州所做的餐饮和商业场所的室内，都非常 fashion，非常前沿。

建筑师急需努力，但很大程度上不是因为设计师不好，而是业主给的空间太有限了，比如做酒店建筑，就必须特别大众，大堂一定要挑空，早餐厅一定要放在什么位置，旁边一定要是什么，这就导致提供给室内设计师的空间缺乏想象力。如果想做一点偏艺术的空间，是很难做到的。我觉得建筑师和室内设计师的合作、共同努力在某种程度上可能会创造更好的成果，但可能需要社会的成熟度。

**孙云（内建筑设计事务所合伙人）**

我们做设计时更多想的是和建筑的关系，差不多是半个建筑师。我也做一些家具设计、产品设计，但很不商业，都是自己在做，我就想我们是不是也该重视一下艺术品、室内陈设方面。

**杨茂川（江南大学设计学院环境与建筑设计系主任）**

我也很有感触，每一次跟湘岳接触，都觉得他的作品能让人有一个大惊喜，关键是他这个路走得这么执着，从外观到内部，整体性做得非常到位。这么大规模的设计，有点相当于共产党小米加步枪，但已经开始打规模浩大的淮海战役，真是非常让人钦佩。有些设计师需要一种感性的状态，像你这么大项目，一定离不开理性思维。我有一点特别好奇，前面跟天文也聊到，他的酒店项目设计的施工图都是给一个合作伙伴做，他再最后把关，我不知道你这么大规模的项目是怎么操作的?

**姜湘岳**

我们现在施工图是这样的，空间组先做，然后绘图组做，整体都是我们自己来完成，我是很害怕画错。还有一个关键是审核过程，我不知道怎样来完成，所以我觉得贴在手边自己来做，方便，也没有找到很好的其他办法。我跟员工也在说，这 8.5 万 m² 当中，哪一个角落我没看过? 哪一毫米我没看过? 哪一个节点我没看过? 他们有时也调侃我，说姜总现在一会儿宁波频道，啪，打开；一会儿鄂尔多斯频道，啪，打开……一个上午如果员工拿十个酒店问我，我不用看图纸，每个角落都记得很清楚。

**宋微建（上海微建（vjian）建筑空间设计有限公司首席设计师）**

进到这个大厅，我第一个感觉就是比较震撼。可能国内的室内设计走了大概二三十年，慢慢好像可以跟国际接轨了。我一直在找相似度和陌生的关系，我们国内做的酒店，好像都见过了，但到这里发现许多新鲜、陌生的空间，我觉得这是比较成功、成熟的一面。因为我没有像姜湘岳这样的战斗力，所以我现在尽量和木头、砖头打交道，对新鲜材料的陌生感越来越高。团队建设方面，姜湘岳做得非常出色，要向你学习。

## 模式

**沈雷（内建筑设计事务所合伙人）**

我觉得现在中国室内设计多元化的程度非常高，已经渐渐开始分成几类，比如姜湘岳、天文这样以后渐渐发展下去，不会变成金螳螂，可能会变成类似诺曼・福斯特事务所，做大型工程，所有东西都抠得很细，都做得很到位。

但我天生血液里面少了些东西。十年前二十年前，我一直没找到定位。开始做内建筑以后，我倒是渐渐开始找到定位，我们就是一些闲散的人，没有那么大能力可以每天加班每天工作，我们就做些偷懒的事，给人看出来是一些小聪明的事，偶尔一个想法，发展一下，变成一个空间。我工作状态还是每天真正工作 4~5 个小时，下面人已经被我粗放惯了，我这样管理公司或做设计，他们会知道怎么应对，如果盯细了，他们反而不知道怎么工作。我看见包括姜湘岳、天文在做这些跟国际接轨的东西，我觉得你们有收获的同时，心里一定也有痛苦。作为躲在暗中的人，看到你们痛苦，我心情就会好些。我今天在这祝贺姜湘岳和海燕，好像是成功的感觉。我还是有触动。

**高超一（金螳螂设计总院设计总监）**

谈到团队、模式，这倒蛮有意思。我感觉姜湘岳你目前可能有两种模式可以走，一种是 HBA 或 HBA 的中国翻版，做典型的商业空间，强调标准和职业化，而不是个人品牌；另一种是像 Philip Stark 那样强调个人品牌。这两种都可以在商业上成功，但方向不一样。

**姜湘岳**

有些 HBA 的中国翻版是不错，但我觉得还没达到 HBA 管理的高度，HBA 能同时展示十种、二十种比较有异彩的作品，而 HBA 的中国翻版目前展示的产品却还比较单一，总体路子只有一种，这跟我们现在面对的问题一样，局限性都比较大。所做的产品决定了所处的位置，做 5 万 ~10 万 m² 的产品需要很多人，需要我们妥协，很难过多强调个性；不同在于，我很不希望成为一个商人，我很害怕听到这个词，也很害怕自己慢慢会做到这种程度，作为设计师，我希望能更多发挥一点自己的个性，如果走个性化品牌模式，我想只有把人员缩小，比较强调以自己的智慧、个性去做品牌；但产品界定了我们有时候必须妥协，我好像介乎这两个模式之间，有一种挣扎的感觉。

**宋国梁（新加坡 V. 特锐建设集团总设计师、CEO）**

如果走提高自己作品辨识度的方向，您觉得团队该怎么配置最合理? 因为团队决定了产品质量。

**姜湘岳**

我一直都希望公司最好在 10 人以下，接自己比较愉悦的有创意的项目；因为人一多，我就觉得自己像家长一样，有一种责任，这会影响我武功的发挥，这确实是有问题。但我现在觉得重点还是要培养物料组。因为在空间上，建筑师如果给了一个各方面比较良性的空间，室内是可以多元发展的，既可以跟随原来建筑

气质，也可以另行发挥。国内比较缺乏的是对物料的重视，我也去了 HBA 这些比较专业化或个性比较强烈的公司，他们物料组的配比远高于空间组。我很希望物料组强大以后，能有库房一样的工作场所，在做空间时，随时能拿到物料，就像有一个模特直接站在前面，你就可以直接比划衣服怎么穿。总的来说，我觉得规模大可能是走向死亡的开始，因为只要人一多，就觉得责任大、压力大，还是少一点，精一点，这是我自己的感想。

**范日桥**

我们现在也在建立物料体系，我说我们一直缺少国际化的流程套路，但最后过于追求国际化的结果，其实这样是不够的，整个流程如果这样操作，就会走向消费国际化的结果。

## 期望

**张隽（南京万方装饰设计工程有限公司总经理）**

这个项目在你的事业发展过程中是一个重要节点，所以我衷心祝贺。

**陈峰（南京蝴蝶坊布艺有限公司总经理）**

这个项目我们是全程配合的，整个酒店的布艺、面料，我们大概配合了有半个多月，因为一些无奈的原因，一夜之间被匆匆改成另一个方案。作为材料商，我们希望更多东西能通过设计师更好更完整地体现出来；我们也希望这种无奈能慢慢随着环境变化越来越少；希望有更多作品能把设计师的意愿更好地表达出来。

**叶铮（上海泓叶室内装饰咨询有限公司总经理）**

这个规模，各方面要协调的很多，给我的感觉就是不容易。姜湘岳说的苦衷，我觉得在座所有人都能体会到。但我希望姜湘岳在做设计过程中，自己的坚持能更多一点，因为到了今天这一步，已经有了前面那么多项目积累，就越有资本坚持。我看得出姜湘岳是个控制力很强的人，我也是一个希望在设计上很多东西都要自己控制的，所以希望今后能在姜湘岳作品中看到更多的原则和坚持。

**孙黎明（上瑞元筑设计顾问有限公司董事设计师）**

我觉得酒店设计永远是带着枷锁的舞蹈，我只是有个希望——跳出姜湘岳你的个性，跳出你的情绪，跳出你真正的酒店。因为基础已经打好了，这么多苦和困难，已经走过来了，后面的事，从设计的角度讲，我是非常真心希望你有自我的表达。

**孙彦清（金螳螂第十八设计院副院长）**

刚进来，就有人讲姜湘岳的刀越来越老也越来越快，砍得也非常利落，圈中也在聊，特别是姜总的控制力非常强，我们也不断跟在后面学习。我们有好多都是从美术或建筑转到室内设计，国内也没开设酒店课程，我们一直在学，学得也很乱，自己还在摸索中，特别是做酒店。这几年我们也做了几间酒店，特别是和境外管理团队对接时，我觉得国内设计师缺失的东西很多。一个五星级酒店的标准流程是什么？我发现我们的流程不是很清楚。而且国外管理团队的管理跟文化体系和我们的生存环境是不一样的，我们在这上面学到的和在社会上与各位交流的不一样。我觉得每次交流的都是表象，比如好不好看等表面前场的东西，但后场、灰色地带，真正在功能或管理层面的交流真是少，因为我们没有不断吸取一些酒店管理公司的经验、管理流程。

**石赟（金螳螂建筑装饰股份有限公司副总设计师）**

我看到这个酒店方案第一稿时蛮振奋也蛮奇怪的，这样一个 8.5 万 m² 的酒店方案，在不是很一线的城市，业主居然能接受，因为毕竟是有风险的；如果甲方能接受，就是一种信号——可以设计得更有个性、更好玩。我比较喜欢玩、搞怪，我觉得自己设计过程中的愉悦也能带给使用者愉悦。我带着看第一稿时的心态来看这个酒店，就觉得不对了，不是说做得不好，而是我希望的那种状态还没到来或市场可能还没这个需求。第二，姜湘岳做这个酒店的苦，远不止他说的那些，他也是生了很多气，恨不得一头撞到墙上去，如果是我，就不干了，但姜湘岳还是坚持完成了。我对姜湘岳还是蛮佩服的。

**陈耀光（杭州典尚建筑装饰设计有限公司设计总监）**

我跟姜湘岳其实不太熟，但我早就听说几年前在杭州有个酒店项目，湘岳的报价比一个做酒店做蛮多的杭州设计师高出一倍多，后来业主还是委托了他。我今天实际空间感受了一下，除了甲方的姿态以外，他还是非常科学，具有判断力的。

我认为姜湘岳的公司目前所面对的是一个体系，整个的生长、创作和工作背景，不像我 1987 年美院毕业时面对的还只是一个新的学科专业，我们当时空间中只要有一个亮点，马上就可以登封面获一等奖。我认为你们做事的那种科学、扎实、系统以及国际视野，是我比较敬佩的。确实，我们带有历史的背景，但不影响我目前跟同行在这么一个阶段一起努力去和国际缩小距离，而且全部是通过自己的痛苦、挣扎、思考、探索、毅力，最后把一个实体空间呈现在我们面前。我对这个作品的简单感觉就是空间和建筑是黏在一起的，我认为这就是一个设计师的成熟度，一种专业和职业性。

最近几年我可能做得更多的是文化性空间，但我更愿意作为一个消费者在酒店里去体验世界各地的公共性空间。我认为酒店除了国际、当代、科技、进步以外，就是城市里一个集合了休息、沙龙、艺术的地方，可以让大家陶冶城市情操、放慢节奏，让浮躁的心灵受到酒店的艺术感染。酒店不仅取决于大、规模化、智能化，真正好的优雅的酒店，会让人永远惦记。我觉得这取决于艺术，艺术的市场成熟度决定着设计师在当下国际的进步速度。我们设计师有时候是带着自己崇高的觉悟，自责、检点自己的技术、团队、实力、管理等各方面；但事实上，社会大背景才是硬件，这个硬件可能短时间内无法一下子迅速改善。

# 宁波泛太平洋大酒店室内设计

资料提供 | 江苏省海岳酒店设计顾问有限公司

设　计 | 姜湘岳
参与设计 | 徐云春、王鹏、赵相谊
面　积 | 85 000m²
竣工时间 | 2012年8月8日

该项目由宁波市政府出资、新加坡泛太平洋管理集团管理，属于典型的城市商务酒店，面积较大，功能较全。设计上除考虑中西文化的结合外，还兼顾了泛太平洋酒店惯有的气质及宁波当地独特的文化底蕴等多种情感要素。每一个分部空间都因其特殊的性质被赋予了不同的文化精髓，如浪漫神秘的意大利餐厅、通透开敞的自助餐厅、文人山水的中式餐厅等。东西方文化及众多情感要素在空间中的融合均采用优雅主义的方式进行展现。

自助餐厅的建筑设计阶段，由于下方没有支撑柱，空间内部便存在很多交叉悬挑柱，大大局限了设计构思的呈现，通过与建筑师及业主几番深入沟通，改变了原来设计，去掉所有的悬挑柱，一个四面皆风景的通透餐厅得以实现，加之白色调的主题渲染，使空间的光线感更突出。

意大利餐厅在设计之初就定下了神秘异国风情的基调，神秘的黑和浪漫的紫，色彩以一种绝对优势主导着空间氛围；日式餐厅以自然为特色，石与木的搭配赋予空间最接近大自然的清新气质；中餐厅融入了文人山水的情调，配饰的选择尽显书香门第的清雅意境。

健身区相较其他区域，更侧重功能和实用性，落地玻璃透进了室外的绿色，白色立面褪去了多余情绪，客人可在一个舒心单纯的环境中放松自己。客房区根据不同消费层次设计了不同房型：总统套房无论材质、用色，都贴合奢华二字，力求彰显客人的尊贵地位；豪华大床房以现代中式的设计语调为客人定制了一个安适的私享空间。END

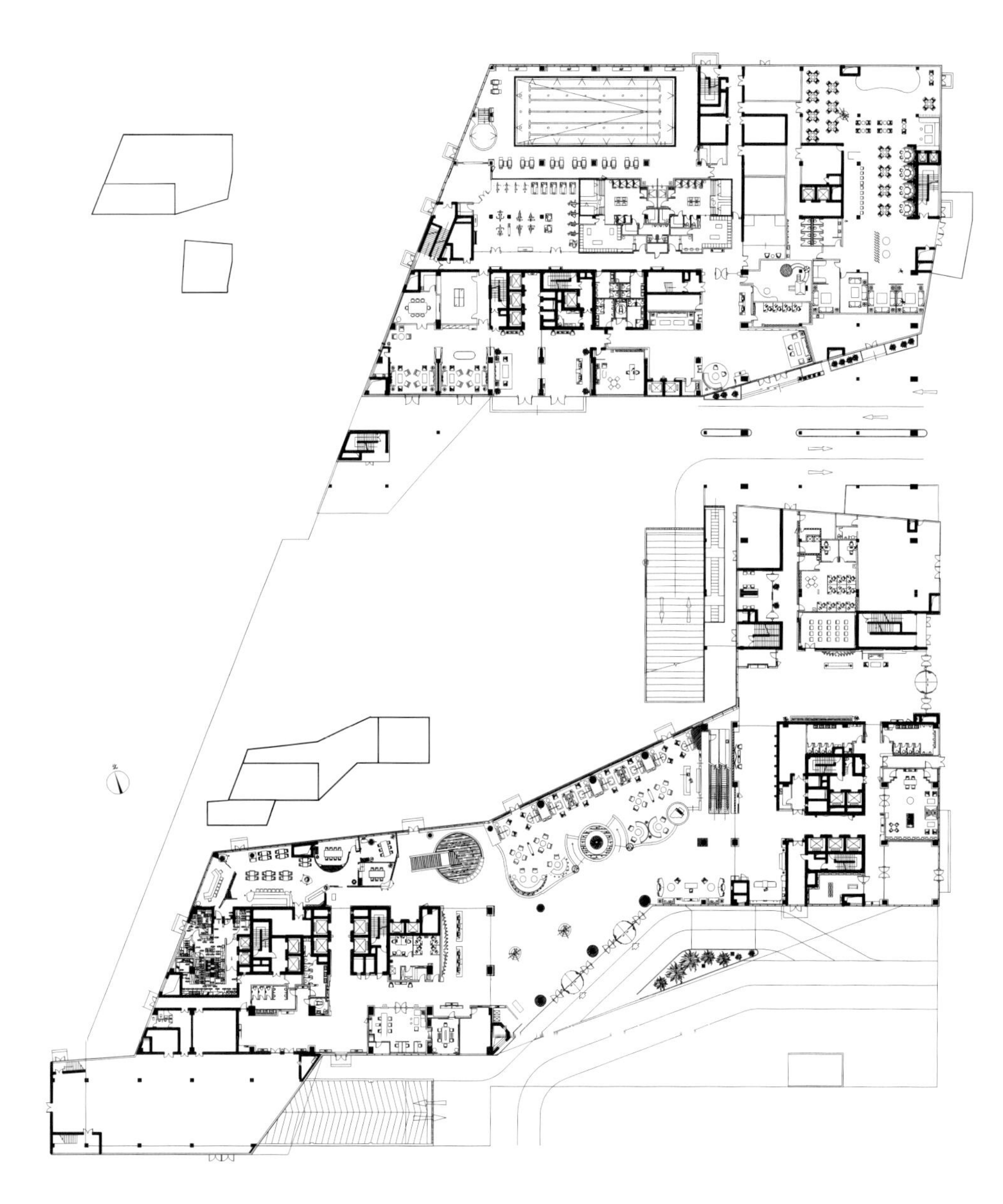

1 酒店外观
2 大堂
3 一层平面
4 中餐厅

| 1 2 3 | 4 5 6 |

1 餐饮区域公共走道
2-3 不同类型的客房
4 日式餐厅
5-6 餐厅走廊及包间

# “我只想做一点实的事情”
## —— 专访汕头大学长江艺术与设计学院院长王受之

采访 | 徐纺
撰文 | 徐纺

王受之，1982年在广州美术学院担任设计系副主任，当时的“南王北柳”（王受之、柳冠中）对当代中国的设计教育产生了重大的影响。1987年，王受之离开中国，去美国从事设计教育工作。时隔20多年，他又回到中国，担任汕头大学长江艺术与设计学院院长一职。他为什么选择这么一个偏僻城市的小学校重新进行中国的设计教育实验，他对中国设计教育有什么期待，他又能给中国的设计教育树立一个怎么样的榜样？带着一系列的好奇，我们采访了王受之先生。

**ID** =《室内设计师》

**ID** 请您先介绍一下汕头大学长江艺术与设计学院。

**王受之** 汕头大学是1983年李嘉诚先生提议创办的，成立当时大概有七个学院，文、理、工、医、商、法，也有一个不大的艺术学院，据说人员是从当地的艺术师范那里转过来的，教师都是体制内的人，大概十来个，多数是美术背景的，有设计背景的老师很少。2003年李嘉诚慈善基金会提出要改革，成立了长江设计学院，第一年时长江设计学院和原来的艺术学院并存，到了第二年才合并为长江艺术与设计学院，并且从2003年开始招第一批学生。现在已经发展到八个专业方向的一个中等规模的艺术与设计学院，专业有平面设计、室内设计、景观设计、工业设计、界面与交互设计、录像与动画设计、公共艺术、创意产业策划与管理等。

汕头大学有3个学院冠以“长江”的名称，也就是说这些学院在建立初期，除了国家财政的正式教育拨款之外，每年还得到李嘉诚基金会直接投入的资助，我们长江艺术学院每年就有相当大的直接拨款，扶植学院的发展。这些直接拨款主要用于聘请外籍的老师，包括来自香港的老师。我们的第一任院长是靳埭强先生，他是香港平面设计大师，在任八年。他刚刚上任的时候，学院的教师基本还是原来那十几个体制内的老师，当时靳埭强院长很想把学院建成以平面设计为主的一个学院。之后陆续扩展，从2005年开始，聘请了一些从外国留学回来的老师，相继成立了一些其他的的专业，包括数字媒体、动画、产品设计，再加上原来就有的室内和景观，这就是现在专业方向的基本架构。这种特殊的情况，使得我们的师资队伍长期以来都比较特别，体制内老师因为主要是绘画的人多，大部分都在基础教研室教素描、色彩，设计专业课都靠客座教授、外聘老师来上。我们客座教授的比例恐怕是全中国大学里面最高的，外籍老师（含香港背景的老师）的比例在2008年已经达到了44%。客座教授多的好处是能带来很多先进的东西，但是他们一般上课的时间都比较集中，几周课程，上完课就走了，很难保持一般大学的长期性和稳定性，也没有办法在日常和学生有较多的交流、辅导。这种情况一直延续到2011年9月份我接任，才开始有所改变。

**ID** 您是什么时候加入到长江艺术与设计学院的？

**王受之** 我加入到长江艺术学院是2002年，当时香港理工大学的梁副校长和香港设计家刘小康先生一起到美国去考察美国的50个设计学院，我在洛杉矶接待了他们。临走的时候，刘小康问我能否在长江艺术学院兼任一个副院长的职务，我算了一下时间，估计可以用美国大学三个假期的时间来集中上课，因此就同意了。从2004年开始，我就担任长江艺术与设计学院的副院长了，主要是每年集中3个月的授课，带带研究生，没有参与教学的改革和行政管理。到2010年底，已经担任了8年院长的靳埭强问我能否接任院长的职务，当时我是很犹豫的，因为担任院长意味着我必须放弃美国的一切，全日制地呆在汕头大学。之后校长也跟我谈过此事。2011年广东省有个招聘全球高端人才的团，由副省长带着很多市长和校长去硅谷招人，我当时开车去硅谷参加会议，并且和一批海外科学家和省长见了面，提了一些问题，他表达了广东省政府对优秀人才回国参加科研、教育的诚意。我当时就基本同意了。在2011年我作为广东省高端人才引进的几个人之一，2011年9月正式签了3年一任期的合约。回来以后基本的工作是行政工作，主要是把学院一直没有走上规范教育体系、教育队伍一直处在依靠外籍的情况扭转过来，控制预算、策划学院稳健发展，因此工作内容不是我熟悉的教学和科研，这是我早先没有想到的。

**ID** 为什么会选择长江艺术与设计学院作为你重新开始中国设计教育的实验场所？

**王受之** 因为这是一个中等规模水平的学校，人事关系相对简单，容易操作，还存在很多可以发展的空间。我是国内高等教育体制出去的，所以我对国内高等的设计教育还是比较熟悉的。因为这些年我也一直在国内的大学兼课（中央美术学院、清华美术学院），我发现直至今日中国的设计教育依然没有一个完整的教育框架体系，而人事关系负责的水平，已经超出一般大学能够承受的极限了。许多大学基本不是大学，而是行政机关，学者治校荡然无存，基本是官僚治校，这是普遍性的问题，而长江艺术与设计学院的这方面比全国院校都要好得多，缺乏的仅仅是专业调整、体系建立、预算的重新分配、发展推进，还具有可以改变的条件。

我在美国洛杉矶艺术中心设计学院（Art Center College of Design,Pasadena）教了25年，宾夕法尼亚州立大学（West Chester University）教了2年，后来又利用这个机会去过美国的很多学校讲学，比如加利福尼亚艺术学院（California Institute of the Arts, Valencia）、奥蒂斯艺术与设计学院（Otis Institute of Art and Design）、南加州建筑学院（Southern California Institute of Architecture）、南加州大学（University of Southern California），发现他们的整个教学和课程体制很合理，同时他们的体制和中国很不一样，所以一直希望自己能为中国的设计教育做点什么。开始做这个学校我是想做个小小的实验，而选择汕头大学是因为我希望有个学校是可以操作的。长江艺术与设计学院恰恰是院长责任制，院长负责教学，书记不干涉，基本做到了学者治校的模式，这在国内极为罕见；另外有基金会的预算支持，有很多事情可以通过基金会来实现；人事关系比较简单，学院内没有其他学院多见的派别林立的情况，自从2003年以来，体制内的教员这一块也就没有增加过人，我对合同体系的教员、行政人员有相当大的资源聘用决定权，这些都很符合我的设想，因此就去那里了。

**ID** 你觉得中国的设计教育与美国的不同点在哪里呢？

**王受之** 中国设计教育从1990年代以来就处于井喷状态，现在全国近千个大学里有设计专业，从室内、景观、广告、平面、包装、工业产品、多媒体、动漫画到服装、家具、展示，应有尽有，但是几乎没有什么学校的设计专业是有一个明晰的框架的，随意性很大，科学性缺乏，并且经常是处在有什么人开什么专业的情况，老师也是良莠不齐，滥竽充数的情况比比皆是。

纵观中国的设计教育，其实做得比较好的是建筑这一块。建筑学的整个课程架构受苏联体系影响，是工科型的建筑设计体系。用五年时间，第一年培养工科型的学生熟悉造型艺术的基本技巧，做一些描绘方面的训练，后面4年基本就是通过一个一个的项目来教学；所谓的八、八、三体系，也就是每个学期是八周做一个项目，第二个八周再做一个项目的设计，最后一个短项目，用二周。建筑学上课不多，主要还是通过课程项目设计来循序渐进学习设计。建筑学有众多的建筑规范，学生是要自己去查对的，学生在做模拟项目的过程中就学习如何遵照规范做。这套体系从苏联传入中国是1953年前后，虽然有偏颇，但是结构比较完整，所以说国内的建筑学教育虽然不尽人意，但还是比较成熟的。其他设计教育则没有借鉴建筑学体系。

建筑学教学体系的这套教学的方法基本上是苏联的教学模式，把理工和人文科学一刀切开来，而欧美的建筑教育不是这样的。苏联－中国建筑体系有个大问题，就是把审美的训练放在一年速成，剩下的4年全部做项目，查规范，所以我们现在学建筑的人往往技术不错，而审美方面欠缺或者平庸，这也可以从另一方面解释为什么中国建筑30年的发展没有出现什么大师。而欧美一直是把建筑作为科学和人文交叉的学科来对待，所以中国工科学院毕业的建筑学人想有所作为，必须去欧美建筑教育的人文的环境中去陶冶。国内学习建筑的，技术可以达到无懈可击的水平，而在人文品位方面永远差人一步。

建筑教育虽然不足，但是好歹有一个体系，而中国艺术类学校呢，就是连体制都没有。其实国内艺术类设计教育的体制奠造和我是有点关系的。我算是最早开始创立国内设计教育体系的人之一，但是我1987年就离开中国了，走的时候体系还没有建造完善。虽然人出国了，我还一直在期待这个体制的建立，但是很遗憾的是直到我回来，这个体制也一直没有建立起来。现在国内的设计教育，是轰轰烈烈、热闹非凡，其实内囊空空荡荡，也无人顾及体系的建立。大家都在做表面工作而已。

**ID** 体制的不同具体体现是怎样的？

**王受之** 我想主要是技艺训练和思维能力、解决问题能力的提高相辅相成的配合做法，讲时髦一点，是主管逻辑的左脑和主管形式思维的右脑同时的训练，形成“全脑人”，也就是既有逻辑思维的准确性、合理性，也有形式思维的创造性。在课程上的差异主要体现在课程的组成很不一样，外国必修课的课程非常少，160个学分只有40个左右的学分是必修的，选修课很多。国内一般的选修课还是与专业有关的，比如学建筑的选修雕塑、摄影。但是国外选修课的范围极广，比如电影、哲学、甚至于古希腊语等等。综合性大学的选修课可以在整个大学范围内选修，有的甚至可以跨校选课（MIT 可以到哈佛去选课）。像我们这种比较小的学校（洛杉矶艺术中心设计学院），采用和旁边两个学校合作的方法，一个是西方文理学院（Occidental College, Eagle Rock, Los Angeles，是美国总统奥巴马毕业的学校），选历史、哲学、语言学等；我们的工科课就在加州理工大学（California Institute of Technology, CalTach）选，比如机械原理、空气动力学（汽车设计专业必修课）、材料学等，而加州理工的学生也到我们学校修艺术、设计史论方面的课。美国中小型私立学校之间利用这样的互补性合作方式来补充自己的不足，公立学校（即州立大学）则更加具有学分承认的方法，只要是州立学校体系的，可以到其他体系内的学校修课，学分承认。这个对我触动很大，互补的方法使得学生有更多的选择，丰富自己，在美国看见他们一般的大学生就素养比较高。我现在看中国的学生在技巧程度上的确高于美国学生，但是总体素养要比美国差很多，理工科的学生几乎完全不了解艺术、音乐、电影、文学。缺乏文化素养的高科技人才是我们这个系统培养能够输出的最终结果，不是全脑人，而仅仅是左脑发达的人而已。这个事情我想了很久，知道制度的东西我帮不了什么忙，但是设计比较合理一点的课程则是可以做到的。前些年我参与国内一些知名高校的教学时，我就提出来要改变目前设计教育这个混乱的体制，后来发现改不了，因为这个体制是由教育部制定的；并且我们课程里面有很多是国外没有的，比如政治、军训、外语……这些就占了学生很多的精力，学生很累，但是学不到东西。

**ID** 你正式签约当院长到现在是一年多一点，那么这一年你进行了哪些改革呢？

**王受之** 第一年首先是从人事、预算、课程设置三方面动手。原来多个专业的负责人完全独自运作，没有整个学院的规划和课程之间的联系，我进行了比较大的人员调动，撤换了一些人，招聘了一些新人，按照比较科学的、国际型的教学体系来重组教员团队；第二是从大学的新预算系统入手，整顿了预算方式和开支的比例；第三就是建立了八个专业方向的结构、基础课、必修课、选修课的布局。

把整个学院发展的方向定好，调整了原来系与专业的设置，的确是需要下很大力气的。比如我们原来界面（跨界设计）与动画、录像是放在一起的，但其实这两个专业差异性很大，这次我就把两个拆开，分为界面与交互设计、动画与录像两个专业方向。界面与交互设计方向包括了五个主要教学内容：交互设计、界面设计、游戏设计、游戏设计、用户体验，这样课程就清晰地围绕着主题展开了。再比如原来工业设计专业是附属于室内设计专业，这次把工业设计定为一个独立的专业。最后确定了8个专业方向：平面、工业、界面与交互、动画与录像、工业产品、室内、景观、创意产业管理。

明年我计划开一个新的专业叫插画，因为现在全国都是日式的插画风格流行，画出来的东西雷同、缺乏拓展的空间。因为当代艺术的影响，很多学院原来长于的绘画型专业都在衰退，所谓的国、油、版、雕都有不同程度的技法和创意滑坡情况，所以我想恢复绘画，但是不以使用的媒介（国画、油画、版画等等）为主线索，而以服务目标为培养线索。插画有强烈的商业服务性，为电影、故事本、舞台剧、演出等等服务。

按照我的设想，大概就是3年内重新打造9个专业方向吧。

我一上任就向全院老师讲清楚我的教学改革思路。很多人会讲，靳埭强先生想把长江艺术与设计学院做成包豪斯，但是没有做成；王老师回来时想把这个学院变成 Art Center（洛杉矶艺术中心设计学院），也会做不成的。其实开会的时候我就对大家说，我从来没有想把这个学院变成 Art Center，因为我对 Art Center 太了解了，它的国际性、专业性是我们肯定做不到的，我们这么小的学校，无论从哪一方面都无法追赶 Art Center。其实我动机里面是想把这所学院变成一个能够使得学生掌握到谋生技能的学校，课程里面更多的是朝高级技术训练方向引导。因为我觉得中国缺的不是顶级创意人才，中国缺的是高级技术人才。比如能够熟练操作 Autocad、Phtoshop、illustrater、inDesign、Maya 这类软件，会出施工图，会解决各种具体的产品问题，对市场和用户有清楚的认识，了解人体工学，遵照规范和智慧产权，有一定的形式美感，我觉得如果能培养出这样的学生，那么他们毕业之后找工作是没有问题的。我不想培养那种只会讲、不会动手、好高骛远的人。中国目前设计教育，培养出的学生很多都是不能上也不能下的人。研究生教育也一样。我的目标就是把他们培养成一只能自己找食的小鸡，而不是一只躲在蛋里无法孵化的小鸡，至于他们能不能长成一只大鸡，那要看他们自己的造化。

我的目标就是这个，所以专业设置是按照培养学生强而有力的专业技能而设定的。我现在把8个专业的基础课都统一了，我想建筑学院的基础课可以统一，我们为什么不可以呢？我认为所有的设计基础教育无非是三大块：一是描绘基础，把你看到的能够画出来；二是点线面平面关系、色彩学、空间关系等，也就是原来叫的三大构成；三是电脑基础。电脑软件在美国大学是不教的，学生自学。只是如果有新的软件出现，会让软件公司来做些讲座。但是基于我们学校学生的具体情况（没有手提电脑，更没有苹果电脑），我们还是开设了电脑课程。

课程设计中我也进行了一些改变，去掉了很多好高骛远的设计，比如设计五星级宾馆这类选题，而从身边最实际的场所去入手，比如公共厕所，你怎么设计得让它通风、便于清洁、男女配置合理且又美观。我其实是把很多事情从实际出发，从小处着眼。

另外级我给低年级增加了很多文化的氛围，比如组织了很多交响音乐会、民族音乐和声乐的欣赏，搞了一个"侃侃文化"的系列讲座，约请了很多中外名人与我对谈文化；二年级以后就采用建筑学院的模式做课程设计；把本科生的毕业设计和毕业论文提前到四年级上半学期就开始做，而留出让学生找工作的时间；另外我还开始和很多设计公司建立联系，让学生暑期去打工。在美国，每年暑期学生都会出去打工，这个是非常重要的。总的来说，就是把美国实践过的一些成功的经验移植到国内来。

在国际交流和国内交流这一块，我们也是找旗鼓相当的学校进行实质性的交流，而不是盯着名校，比如我们和德国德骚包豪斯所在地的安豪特大学有学生交换的计划，已经执行了好几年了，每年有德国学生到我们学院进修一学期，我们也选派六个学生去德国一个学期；和日本的佐渡也有暑期交换计划。

**ID** 对于未来，你有什么计划？

**王受之** 未来的最大计划就是要把我现在执行的这套东西变成一种体制，这体制不仅是有一个书面的东西，并且要变成一个学校的运作机制。比方说一个老师要上多少课，每个课要有课件，你任何一个时间抽出一个老师的档案，比如随机选择到基础课"色彩2"，看看这个老师第几周上课，我们到这个教室去，必须检查到这个老师的确在按照计划的内容在教，而不是随心所欲上课，那节课的目的是明确的。要每样事情都做到有序，要有一个完整的执行程序，因为艺术学院目前的教学随意性太大。这个体制的建立是能够保证当我不当院长的时候，这个学院能够照常运行。现在我们正要求每个老师写课件，存在档案室，不定期地抽查老师上课的情况。以后要按照课件来上课，如果你对课件不满，那就需要改课件。就好像在美国，如同你对宪法不满就必须改宪法一样。

另外一件我认为很重要的事情是学生的动手能力要加强。我们现在教电脑的老师理论讲很多，但是留给学生动手操作的时间很短。现在的软件很复杂，你要全部讲完理论，要花很多时间，并且没有时间操作也学不会。我现在准备要建几个新的工作室，争取让每个学生有一台苹果电脑。

第三件事情就是促进系与系、学院和学院之间的交叉合作。现在我们计划与工学院、商学院合作办学，让我们的学生到工学院、商学院去上课，他们的学生到我们设计学院来上需要的课，有合适的项目就几个学院一同开发，工学院的机械原理、材料学，商学院的市场学、消费心理学、营销学都对我们自己的学生很有用，最终形成三个学院的合作。

**ID** 你如何看待中国学生的创造力？

**王受之** 我前面提到过，就是重技艺、轻独立思维，创造力肯定有限。中国学生在技巧上很拼命，但是缺乏独立思维的空间，缺乏创意思维。因此普遍的创造力不高。技艺高超，模仿能力极强，恐怕与中国教育体制和教育方法有关。学校有一些学生有独立思维的愿望，但是这种独立思维在目前这种环境下难以从创意方向发展，而会变成一种反抗社会、反抗权威的做法，有些人认为这就是创意。其实会走偏，最后成为既无创意思维，但又对权威和法规敢于挑战，这样的人很容易变成一种破坏性的力量，在我的学院里我不希望这样的人有滋生的土壤。所以如何激发学生的创意，还是非常难的一件事情。只能通过一些精心设计的课程设计启发他们的创意能力。但是现在这样的探索性课程真的是不多，大部分课程都太具体，太死板，所以课程设计题目也是下一步我要介入的。

**ID** 你的终极目标是什么？

**王受之** 我的口号是"培养全脑人"，也就是左右脑均发达，能够有严谨的逻辑思维、解决问题的能力、分析问题的深度，也有强烈而敏感的形式思维的能力；具有国际眼光，心手合一的全脑人。我很高兴有这么一个实验的机会，并且也不是伤筋动骨地破坏教育体系，我只是在建设，因为原来没有这个体制。也许我这个学院，在你采访的系列中是最没有宏伟目标的学校，但我有我的雄心壮志。我只是希望那些从穷乡僻壤来到我们这里读书的孩子，在这学院里学习四年，不要浪费光阴，学得一手能独立谋生的本领，出去能找到比较好的工作，这是我的愿望。如果去读研究生，他的职业基础已经很扎实了。我看多了国内很多虚的教学成果，我只想做点实的事情。至于学生中有没有可能出大师，是他们自己的才能决定的，不是学院可以训练出来的。END

# 十米与滑坡车
## —— 汕头大学长江艺术与设计学院的课题式创意教学

撰　文 | 李昊宇（汕头大学长江艺术与设计学院 副教授）
资料提供 | 汕头大学长江艺术与设计学院

汕头大学长江艺术与设计学院的设计教育提倡"心手合一"，激发启迪创意的同时要使学生具备实现创意的能力；培养左脑和右脑全面发展的"全脑人"。

这一教育目标的提出，基于对中国艺术设计教育发展历史经验的总结，参考国外设计教育的发展，并综合分析了当今国内设计教育的现状。中国的设计教育起步较欧洲晚了几十年，在1980年代初期以"工艺美术"为主导，强调技艺的培养和训练；发展到1990年代之后，因为国内市场经济的发展，国外资讯的涌入和信息时代来临所伴随的信息爆炸，在高等教育特别是艺术设计教育中，慢慢出现了强调创意培养的新教育理念。但无论是初期工艺美术教育所培养的匠人，还是后期标榜培养的创意人才，都不是真正意义上的设计师。

设计师是上面提到的全脑人，具有文化修养和创意思维，懂得科学知识和技术工艺，了解市场走向和人的需要，能够分析客户心理等等。设计师与艺术家一样需要天赋，但与艺术家不同的是，设计师更需要后天的教育培养和训练。

然而与国外小众精英教育培养设计师不同的是，国内的"艺术生源"庞大，大学里教设计的老师很多像上数学课一样面对接近一百人的学生的一个班，而且这批庞大的艺术生源往往是文化课弱，通过画班强化训练，走特殊的艺术生通道考上大学的一批人。

面对这样的现状，如何利用国外多年设计教育总结的优秀经验，结合中国的实际情况，培养属于中国的设计人才，相信是国内高校设计教师所共同面临的问题。在此，笔者希望共享在汕头大学长江艺术与设计学院工业设计专业的两个教学案例，与同行进行探讨。

参与十米项目学生团队

曹少华、陈德科、陈东渠、陈奕强、陈志坚、胡玉洁、胡智均、李水华、李永毅、刘聪、刘瑞容、孙梅、谭宝、童素芳、王林、吴建波、严安俭、殷巧、余庭欣、袁兴明、张茂根、张明旺、赵婧、周航、岑宁、陈剑云、甘小英、郭梦頔、黄春艳、瞿纷纷、黎海尤、李王养、林双鑫、林舜廷、刘利喜、刘思潮、刘元利、卿尚志、佘心瑾、孙守旺、王景任、王燕玉、吴结平、肖曼妤、徐鹏、许杨闯、曾军二、周士伟

**案例一：十米**

项目背景：学生刚进入专业学习的第二个学期，掌握了初步的立体表达基础，懂得设计初步原理，了解一定的材料和工艺知识。

项目目的：依靠动力学原理设计一个可以自主移动的物体，移动距离十米，不能多也不能少。

任务要求：移动距离为10m，可以利用机械原理，驱动力来源可以是各种能源。

在教学开始我要求学生先对要求进行分析，10m是一个固定的距离，不能多不能少，解决驱动力的来源是最主要问题。这就要求学生要对"力"具有一定的了解，生活中对能源的利用是多种多样的，比如热能和机械能的组合推动机车，水能和机械能组合转化成电能，储存，输送，最后再带动机械。那么，使物体移动的力可有哪些？在移动中需要解决的最大问题是什么？这又带动了第二步的思考分析。一环接一环地针对要求和问题所进行的分析，是在发散性概念形成之前要进行的一系列逻辑性极强的思考过程。我不希望学生满足于一个看似来得特别容易特别快的拍脑袋式的想法。从专业设计教学的开始，我即要求学生学会理性的分析、对比和思考。分析项目要求，可以适当寻找类似的国内外作品进行对比，但一切要从实际能够实现的材料、工艺和外环境出发，思考形成设计方案，再通过制作模型的不断验证，从而形成最终的最佳方案。以下我们看看几组同学的作品：（图1-4）

这个六脚的爬行装置是创意者通过对蚂蚁的观察，按照它爬行的原理制作的结构，利用马达带动大圆环齿轮作圆周运动，通过链动竿，后面的线轮就是用来缠绕棉线，棉线的距离10m，这样的办法在接下来的作业也有其他的人采纳，是一个不错的连动装置。

3

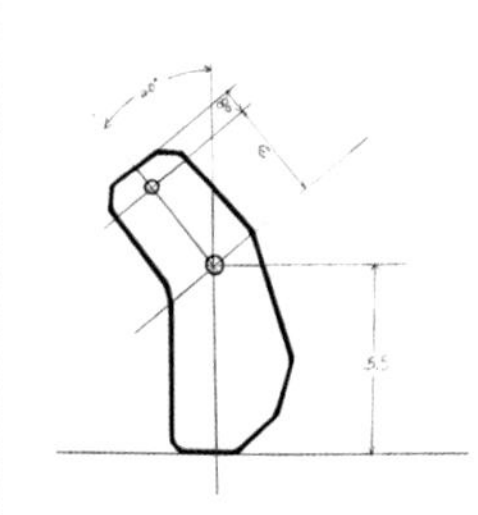
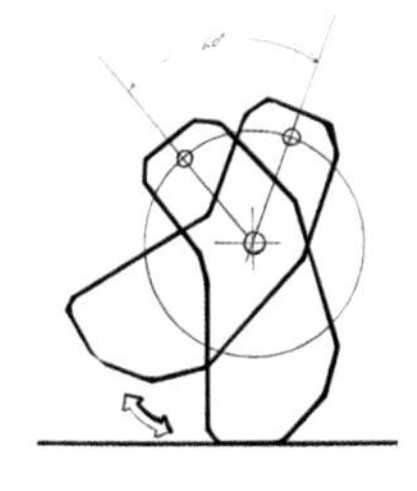
1

2

4

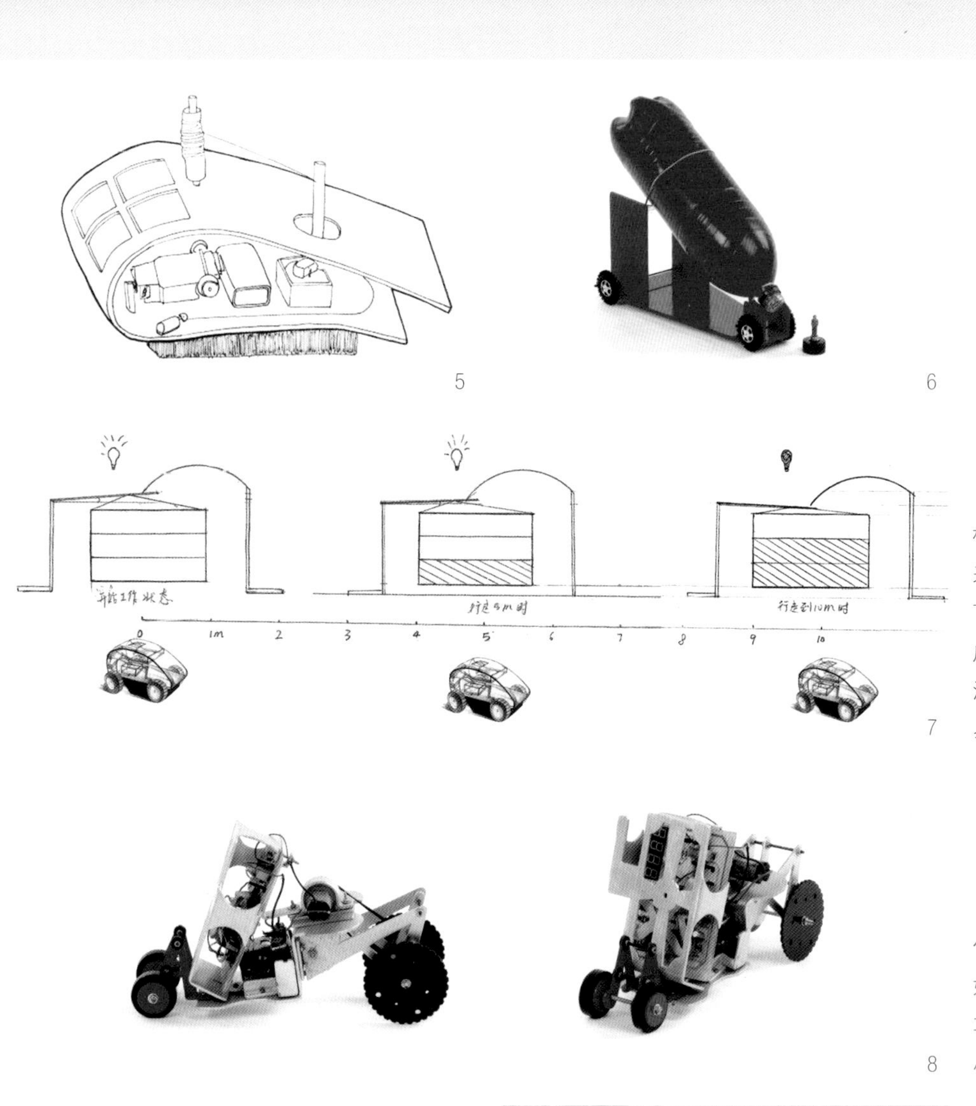

5　6

7

图 5 的刷子车选用简单的机械和振动所产生的惯性方法来完善行进的动作。图 6、7 的可乐瓶是用充气的推进力来完成行进，这两组作品的动力来源比较有想象力，缺点是不容易控制。

8

图 8 作品中的小车，学生们先将运行 10m 时间精确计算好，然后自制定时器，使得小车可以准确到达 10m 的终点，小车的推动力是普通的电池。

9

10

图 9、10 作品中的这两辆车虽然车体本身自重比较重，行进速度非常慢，但是行进距离十分准确，是所有作业里面最精准行驶至 10m 的终点的。

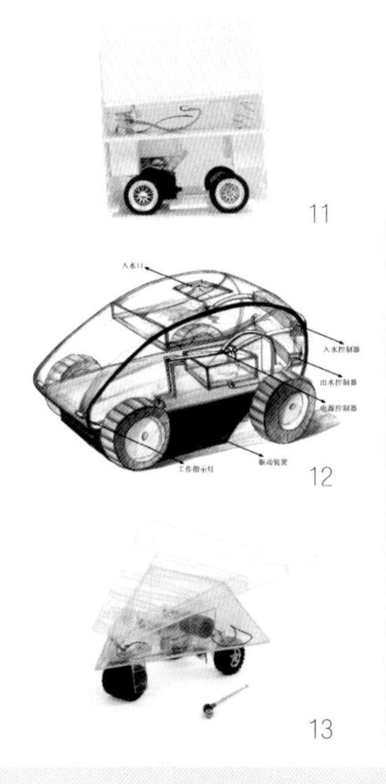

11

12

13

14

这几个小车都是利用物理的方法完成行进过程的，图 11 和 12 的小车都是利用车体本身自带的储水器，当水流完，车子就自动停止。图 13 的小车利用滚动的铁珠子，Z 型滚槽的总长度是经过多次试验得出的，当铁珠子滚到尖端时，切断电源，从而控制车体的行进距离为 10m。

**案例二：滑坡车**

项目背景：学生刚进入专业学习的第二个学期，掌握了初步的立体表达基础，懂得设计初步原理，了解一定的材料和工艺知识。

项目目的：针对下坡这样特殊的外环境设计一个可以滑行的简单交通工具。

任务要求：必须在代步交通工具上面设计一个刹车装置，使得在危险的时候可以紧急停下来。

我认为学习创意类型的学科，必须要先寻找形成自己独立的思考体系。我们所处的是个好时代，这个时代已经能够提供给我们独立思维的发展空间，但在这个庞大的信息世界中，迫切要求学生能够形成一个独立思维构架。因此在我的教学过程中，除了讲授设计的方法之外，更大的目标是帮助他们完善独立思考的能力。

那么如何在教学中帮助他们形成独立思考体系呢？我是通过递进式的问题设置来完成的。首先创意者要对未来成品设计有个预想，思考在生产和使用过程中会有怎样的环境制约，材料的色彩该是怎样处理，功能的使用是否合理，等等。这样我们就会对接下来的形体表达提出一系列的需要，这也就同时形成了一个初步的设计计划，尽可能把需要解决的问题写进计划中。一个好的计划还可以使得你在个体的环节中分散延展，例如其中材料运用和对工艺方法的探索，都有可能会给自己带来新的灵感，从而继续改进设计，不断完善设计。

以下我们来看几组学生的作品：

参与滑坡车项目学生团队

黄钊、陈江浪、陈素娜、郭亦平、黄小莹、廖骥、刘益凤、刘泽华、麦子斌、孟延青、潘婉明、王冠、温志鹏、谢文涛、谢想扬、徐丽欢、严晓瑛、杨金霞、曾照煦、周偶

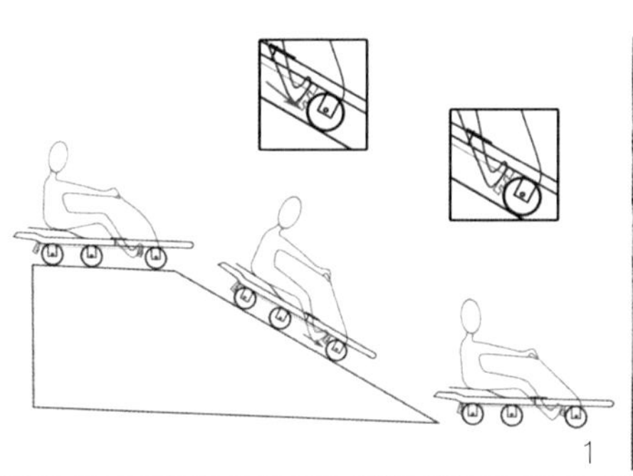

1

2

3

图 1、2、3 中的这个作业采用的是脚踏方式的刹车方式，折叠的方式简洁完整，缺点是用绳子和脚控制方向在转弯的地方还不够灵活。

4

5

比起上面的作品，图 4、5 中的这个小车的转向是非常灵活的，而且材料非常坚固，造型美观，座椅柔软舒适，刹车灵敏。在制作焊接过程中由于载重问题车头曾经三次出现断裂，经过改变车头结构和衔接方法收到成效，渡过难关。

图 6 中的这个作品通过驾车人重心的移动来控制刹车，创作者的灵感来源于翘翘板游戏，既解决了功能上的问题，也有趣味。椅子偏高不易控制重心，当行进速度过快时车身会晃动。采取的是减速刹车方法。

图 7 中的作品是用手来解决刹车问题的一组，在制作的时候也遇到很大问题，如果前轮能够小一点就应该可以控制得更稳定些。

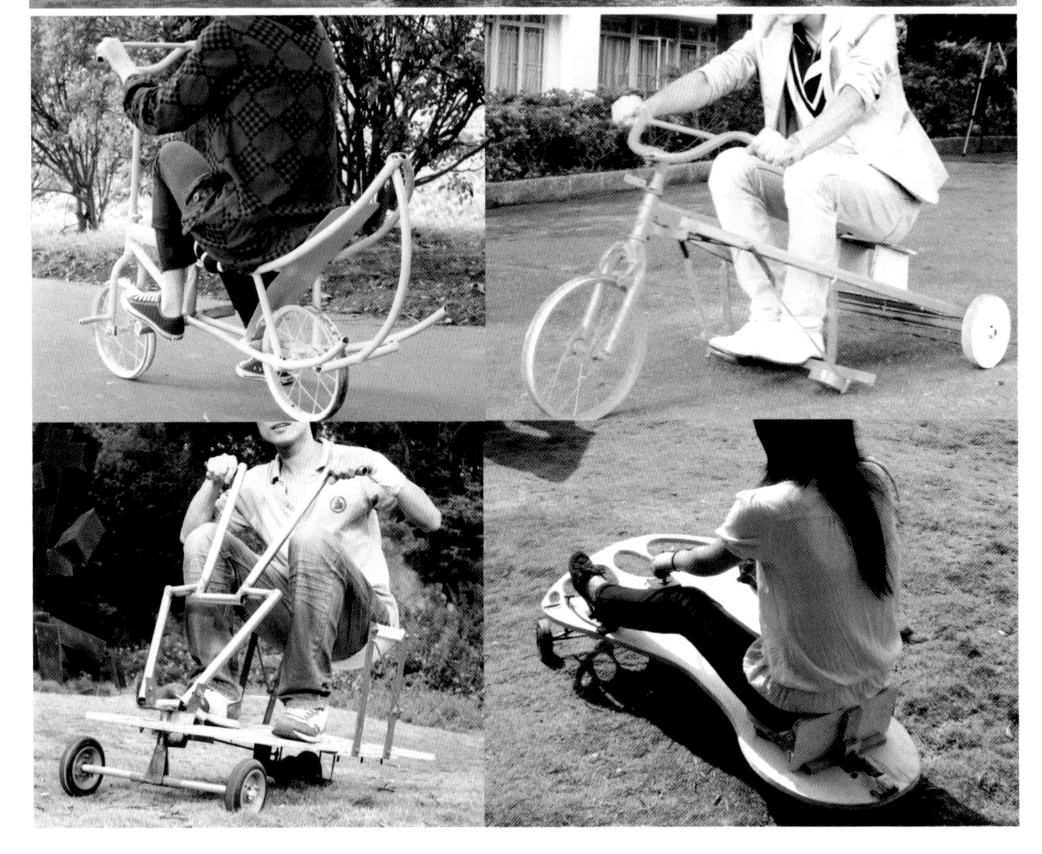

在这个训练上，我们的创意者们通过反复的实验基本验证了自己预想的效果，这些学生才刚刚开始产品设计的学习，我希望通过这个课题的训练，让他们学会通过团队的讨论，在困难面前找到应对和解决困难的方法，再经过模型制作和试验，经过总结后得到属于自己的一套设计办法。

在我的教学体验中，低年级的学生对于除设计以外的其他具有科学特性的领域没有什么热情，这使得他们对待外来的新事物感受比较慢，带来的后果是：不仅会使他们的创作来源单一，也会使设计作品缺少一定内涵。如果能够多采用交叉学科的教学优势很可能得到一些灵感资源的补充。上述的两个案例都是希望这些刚刚接触专业教学的低年级学生们认识到工艺、材料、物理特性、人体结构、市场调查、环境局限等等设计之外的领域对设计本身的重要性，调动他们了解认识周围其他学科的兴趣。这也是我们在教学中应对文理均弱的庞大的"艺术生源"所寻找到的一些教学办法。

设计教育需要理论与实践的对话，加强产学结合，配合产学结合，开发研究具有地方特点的工业产品课题及和学术理论相互结合，与企业的研发机构和设计公司密切互动；与其他的专业进行通识课、跨专业的学习从而拓展知识面。鼓励学生参与国际交流和国际比赛提升设计视野。强调设计的实践性研究，开创具有发明特点的新领域。通过学生作品展览的发表，工作坊的实践的验证，产学的结合，设计竞赛活动，在其中寻找缺点和不足来进一步调整课程结构。END

# 寂静牛田洋，登高远眺的好地方

## —— 记录牛田洋建筑景观设计全过程

撰　　文 | 李昊宇（汕头大学长江艺术与设计学院 副教授）
资料提供 | 汕头大学长江艺术与设计学院

**项目背景：**

牛田洋莲塘山高高的烈士墓碑上，记载着 1969 年 7 月 28 日抗风抢险英勇牺牲的 83 位大学生和 470 名解放军烈士们的名字。

牛田洋位于汕头市西侧榕江和韩江出海口海边，原本是一片荒芜的泥滩。除了偶尔见到在海边礁石采集生蚝的渔民，平时难得见到人影。荒凉土地上野草丛生。1950 年代地方政府曾经在这里围海造田。1961 年由于台风袭击土堤溃决崩塌，围海计划失败。

1962 年驻守汕头地区的战备值班部队 41 军 122 师奉命就地建立军垦农场，一边执行军事战备任务，一边造田垦荒种植粮食。

部队以崩塌土堤作为基础，围起一条长达 30 多里的大堤。大堤外层砌着石头，挡住海浪冲刷，堤里层填筑沙土。大堤以内，是围海造田三万多亩的广阔的牛田洋。为便于防洪、排涝、耕种、灌溉管理，在大堤内从东往西再筑出三大围堰，分为东牛田洋、中牛田洋、西牛田洋。

**项目任务：**

2011 年汕头市政府提出了一个提升牛田洋知名度、展示汕头海滨城市风采的计划，根据《汕头市旅游发展总体规划》方针政策，“环海湾 - 牛田洋”复合型旅游区是汕头未来旅游规划的重点项目。它主要是利用优越的天然湿地、海山景观和城市建设成就，加以适当修饰和补充，组织成一个可以进行海上观光、陆上游览的最能雅俗共赏的旅游区，成为汕头城市景观组织中心实验基地，同时配合广东绿道工程的一个企划案，同时展开了设计竞赛。学院为此组成了一个以我作为设计核心和学生参与的工作小组，结合课程教学并配合广东省绿道项目，在牛田洋一号闸附近修建一座配合牛田洋绿道项目的驿站，驿站具有供游人休憩和小型购物商场的功能。

参与牛天洋项目学生团队

邱忠孝、华裴景、周浩、庄浩生、钟鹏聪、宋启尧、陈德源、杨倩、陈国锋

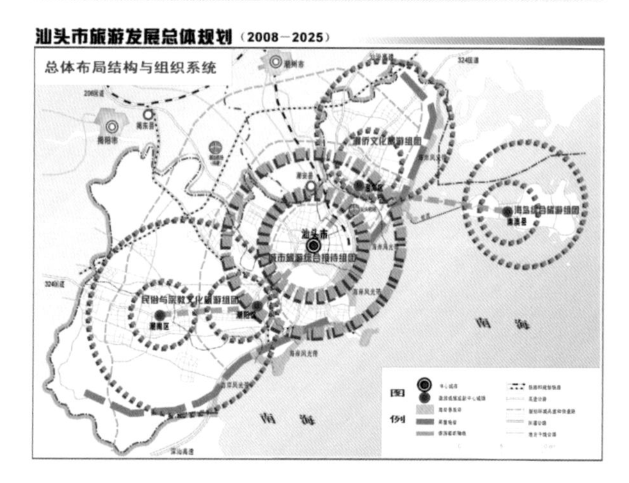


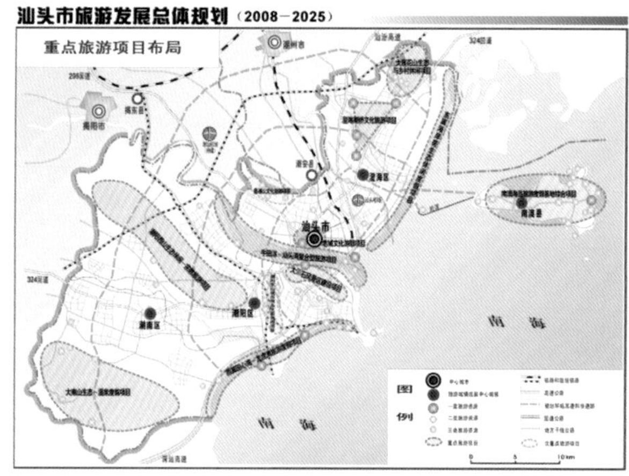

**规划理念及人文定位：**

牛田洋天然湿地的美丽自然风光——背靠一望无垠的田园风光，前望奔流不息的榕江，人文定位是：登高、观海、赏绿。“以人为本”是本项目驿站设计基本原则，驿站建筑可以登高、观海和赏绿，使人产生丰富的愉悦感。建立人与自然的互动，引导人们去体验大自然的奇妙，使心灵及情绪得到完全的释放，并与自然完美融合。

建筑设计的造型应轻盈、通透，能够很好地融入到当地的自然风光。景观设计本着“以人为本”的原则，充分考虑环境、心理、行为等因素，结合人们观海、休憩、娱乐的需求，营造出层次丰富，视野开阔的观景区。全部的景观设计还应当具有一定的导向作用，引导人们登高远眺，享受牛田洋的湿地风光，并将驿站周围的自然风光有机地融合起来。

于是我们决定在牛田洋地区建设一个别具一格的驿站。

**驿站设计理念：**

整个驿站建筑的设计理念是期望设计一个体态轻盈，具有灵气、特色的小型驿站建筑。建筑梯田状登高阶梯造型独特，且与牛田洋自然风光相协调，楼梯至二层的单边扶手设计是一个特色。同时，第一层横向的大面积玻璃门窗，使整个建筑显得体态轻盈、通透、灵动。

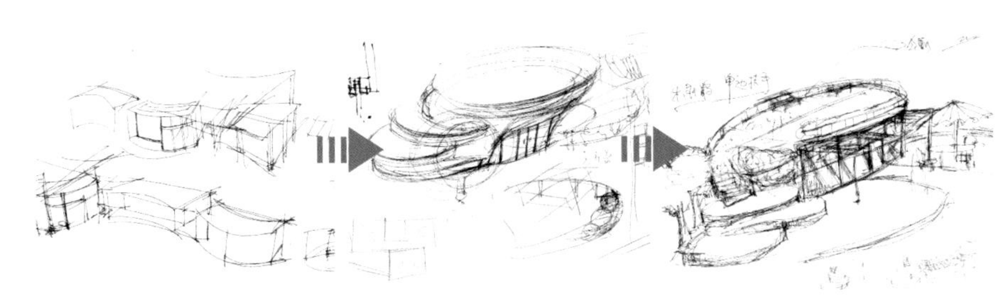

**景观设计理念：**

景观设计本着“以人为本”的设计原则，考虑到人们观海、休憩的需求，以及汕头本地气候条件与生态环境，发挥本地植物特色，充分利用已有的植物，并将其融入到景观设计当中，考虑了景观的视觉美、生态效益以及社会效益。

基于以上对政府所提要求的分析和项目的实际情况形成的设计理念，我们对项目现场包括所在地汕头进行了彻底的调查，掌握了第一手的数据。

经过实地勘察，与政府各职能部门多次协商沟通，特别是与汕头市徐凯副市长的几次直接对话（这位对设计品位和质量要求都有专业见解的市长对项目的顺利进行起到关键的作用），形成了最终包括各个细部的设计方案

汕头地处国脚省边，交通不如北京、上海、广州等便利。就在这粤东唯一的一所高校中，要开展设计的高等教育，所面临的困难重重。这次的项目是唯一的一次设计课题能与市政项目结合，并得到学校、政府、当地民众多方支持的难得的机会。通过这个项目，学生实地了解了在课堂上所学不到的潮汕文化传统，掌握了实地勘察测量的技术，学会与人沟通、与多方商谈说服客户的本领，最为难得的是掌握了实际操控项目，在时间节点和预算之内，使设计方案落地的能力。END

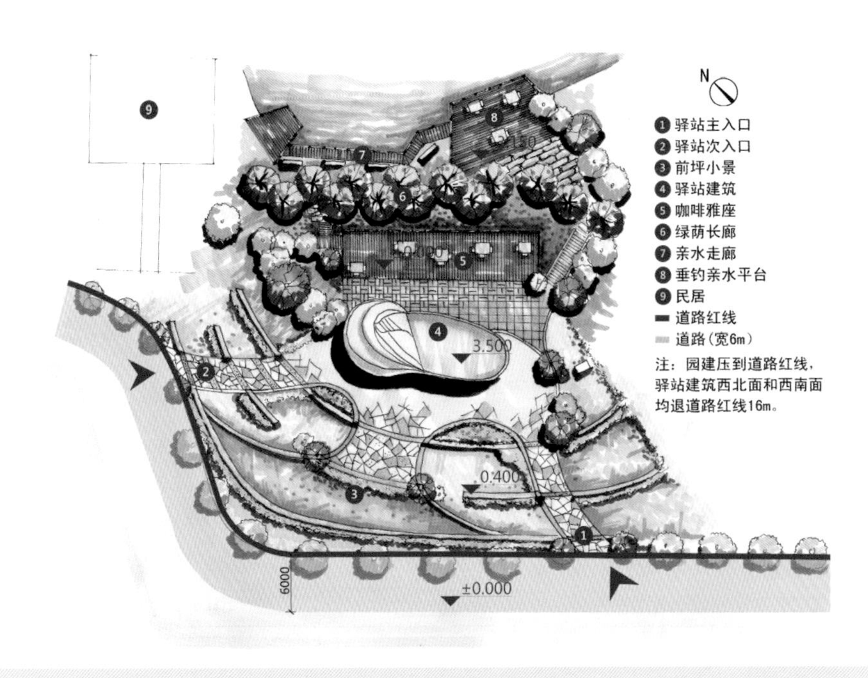

# 蜗牛坊：缘溪道旁的都市慢生活

# WALNEW CLUB

摄　　影 | 刘其华
资料提供 | HKG GROUP

地　　点 | 无锡长广溪湿地公园缘溪道6号
建筑面积 | 约2400m²
设计公司 | HKG GROUP
主创设计 | 陆嵘
参与设计 | 蔡鑫、王文洁、吴振文

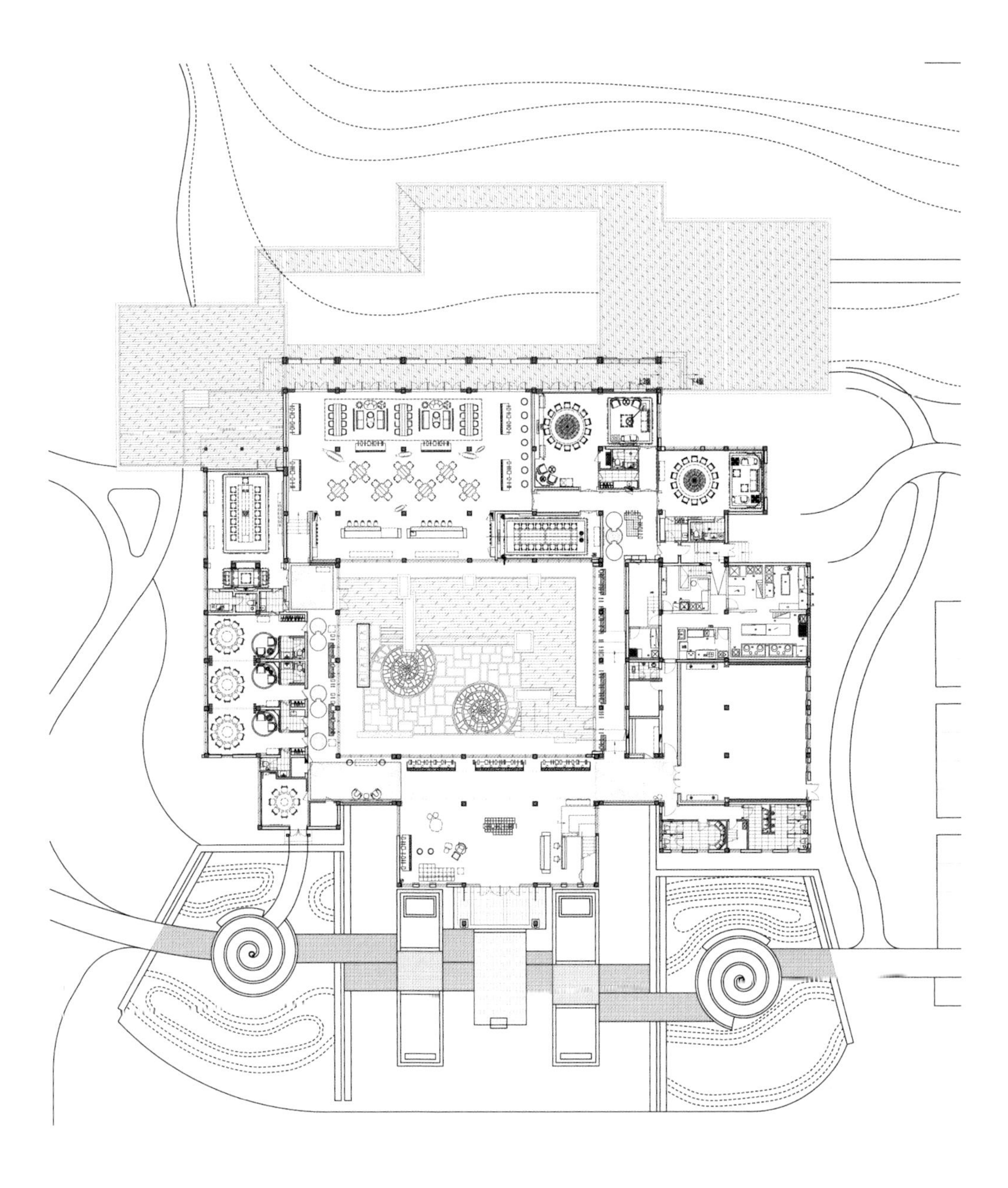

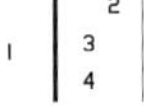

1 标识细部
2 一层平面
3 慢行园
4 慢恋园

是时候放缓脚步，慢慢地享受了…

慢慢欣赏孤鹜、云霞、绿树、溪流的美景，慢慢领略艺术、阅读带来的精神补给，慢慢体会亲情、爱情、友情的温暖，牵一只蜗牛去散步，感受生命，拥抱自然，慢慢享受生活中点滴之美。

WALNEW CLUB——无锡首家“都市慢生活”的创意餐厅，位于无锡市西南郊的长广溪湿地公园内，在景色秀美的生态湿地旁依水而建，这里是连接蠡湖和太湖的生态廊道。WALNEW CLUB 将设计的创意、美食的享受与湿地的静谧、写意的自然环境融为一体;臻于细节、卓于内涵，意图为来宾提供一份舒适、自得、理性、温暖的服务空间。

结合周围的生态环境，建筑用自然质朴的材料与之相呼应。室内环境基础色调为中性偏冷，通过艺术装置的鲜丽色彩加以点缀，来打破平稳的节奏，从而提升视觉趣味性。家具灯具的设计均简约富有创意，细节之处的体现来自大自然中的元素撷取。

室内整体造型线条流畅清晰，虚实有序。无论是墙上块面颜色的铺展，还是顶面的条形格栅造型搭接，始终以简练的几何关系诠释主题的定义：细腻、质朴与自然。

空间整体色彩以深浅两种灰色为主基调，大面积交织。红褐色黏土砖以醒目的颜色，通过特别的角度设计铺贴在部分空间的主要墙面，砖墙四周用产生自然锈斑表面的金属折成精致的条框收边。历史悠久的老木头映射出自然醇厚的颜色与古铜色木饰面一并在空间内对话，交替出现，相互衬映。部分区域用大幅镜面单元框以成角度错开的方式排列、间隔，点缀其中，折射出不同凡响的奇异空间。

地面的艺术地毯造型更加生动，对渗入湿地植物的造型和色彩元素加以抽象提炼，通过各种编织工艺来表现，使整个装饰色彩基调简约质朴却不失灵动。

蜗牛坊在打造特别的用餐环境及提供各类美食服务的同时，还是一个设计艺术的展示平台，在主要公共区域预留了展陈柜台和空间。定期举行的不同主题的创意设计展品陈列，使宾客满足味蕾的同时更赏心悦目，真正感受到设计艺术与饮食文化的交融，获得多方位的全新感受。END

1 | 2
  | 3

1-2 慢觉堂
3 慢品廊

| 1 2<br>3 4 | 5 |
|---|---|

1-2 慢品廊
3 门把手细部
4 慢思
5 慢秀吧

| 1 | 3 |
| --- | --- |
| 2 | 4 5 |

1-2 慢秀吧
3 慢语堂
4 慢观
5 慢步

# 竹院茶屋
# BAMBOO COURTYARD TEAHOUSE

撰　　文｜夕颜
资料提供｜HWCD Associates事务所

地　　点｜江苏省扬州市施桥园
面　　积｜400m²
设　　计｜HWCD Associates事务所
设 计 师｜孙炜
设计时间｜2010年

1 夜色下，竹屋与水面倒影交相辉映
2 内院夜景

在中国传统文化中，扬州一直是一个特别的概念，不仅作为一个城市而存在，更代表了富庶与享乐层面的江南。与苏州的雅致和杭州的精致不同，扬州似乎更倾向于感官享受到极致舒适。所谓腰缠十万贯，骑鹤下扬州，就是如此。而在现代扬州市的施桥园中，一座漂浮于水上的竹院茶屋，重新诠释了扬州式的古韵。

该项目的设计者是HWCD事务所的合伙人、中国建筑师孙炜。HWCD是一家国际化的设计事务所，在上海、伦敦和巴塞罗那都有办公室。HWCD的设计涵盖多种项目，特别擅长精品酒店、住宅项目和综合体项目。他们通过结合亚洲传统审美和现代设计语言，力图表达出建筑设计领域的“全球相关性”。

竹院茶屋是体现出HWCD设计理念的典型范例。设计明显地沿袭着中国传统园林的基本元素，让建筑融入自然中而非隔阂于自然环境之外。当人们游走于竹院中时，数丛修竹纵横交错，营造出纵向或横向的视觉效果。高挑的竹篱围合成跨于湖上的户外步行道，呈现出疏朗的不对称布局。茶屋的设计也从扬州传统庭院中汲取了灵感，扬州庭院往往由朝内的凉亭组成，形成内部景观空间。竹院茶屋从中借鉴，在方形的平面布局基础上，分隔出小空间，以营造内部景观区域。而在每个内部景观空间中，都能够饱览湖面全景，拥有极佳的视觉享受。

从外观上看，竹院茶屋是一个有虚实变化的立方体。当夜晚华灯初上，茶室的纵向线条更加突出了。建筑简洁的外形传达出与自然相统一、相融合的意图；而对竹子和砖等自然材料的运用则更具有可持续性。外墙开口加强了茶屋的自然通风，厚实的砖墙在冬季保温效果好，减少了对人工调节温度系统的依赖性，更加环保，也有利于居于其间的人们的健康。

茶是中国最珍贵的文化遗产之一，千年长盛不衰，已形成特有的茶文化和茶之“道”。品茶需要温和、自然、低调的环境，让人们领悟茶之芬芳内敛，回味悠长。竹院茶屋的设计正是契合了这样的精神，从而通过室内外环境的设计，为人们提供了一个可以自在、舒适地品茶的空间。END

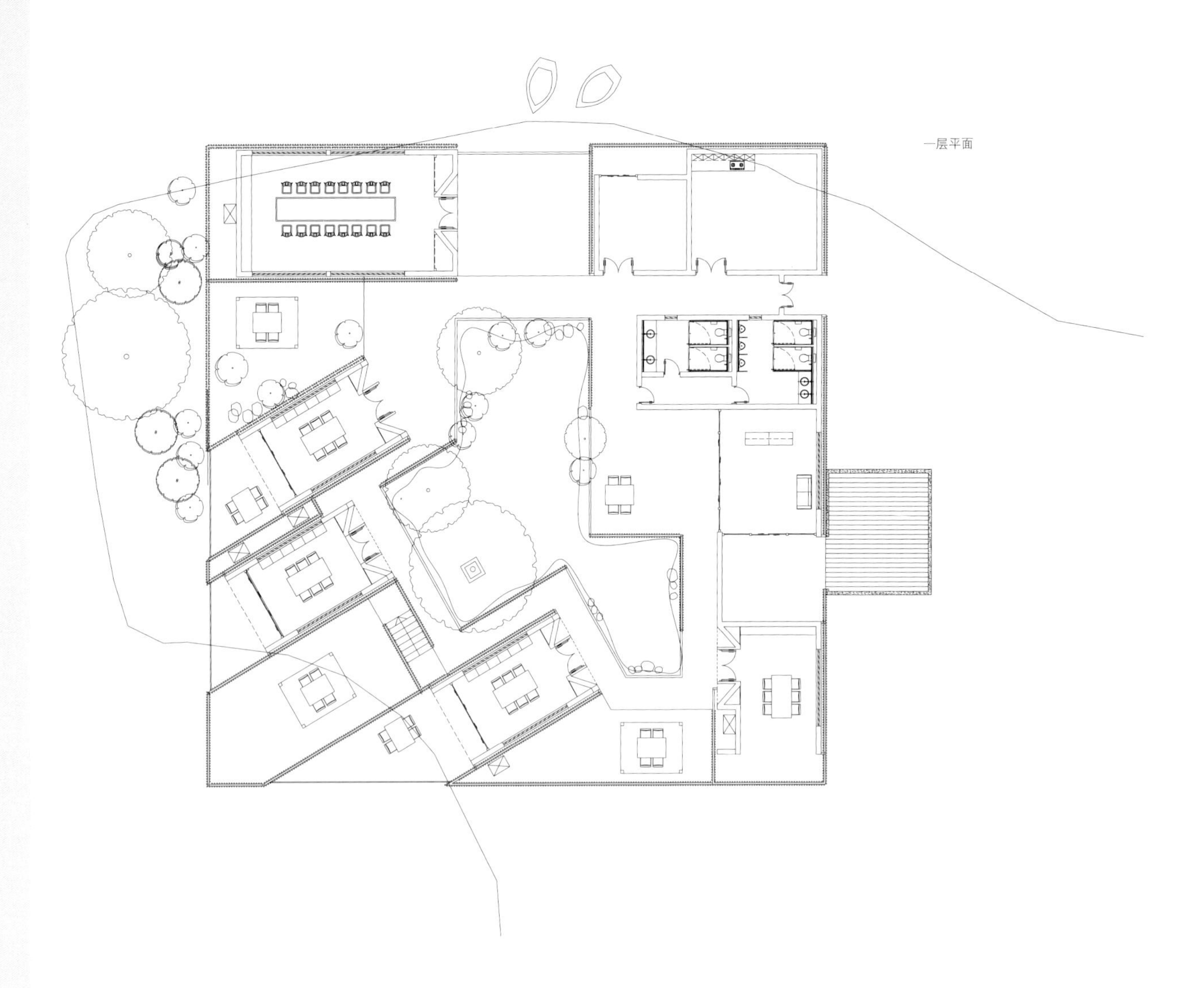

一层平面

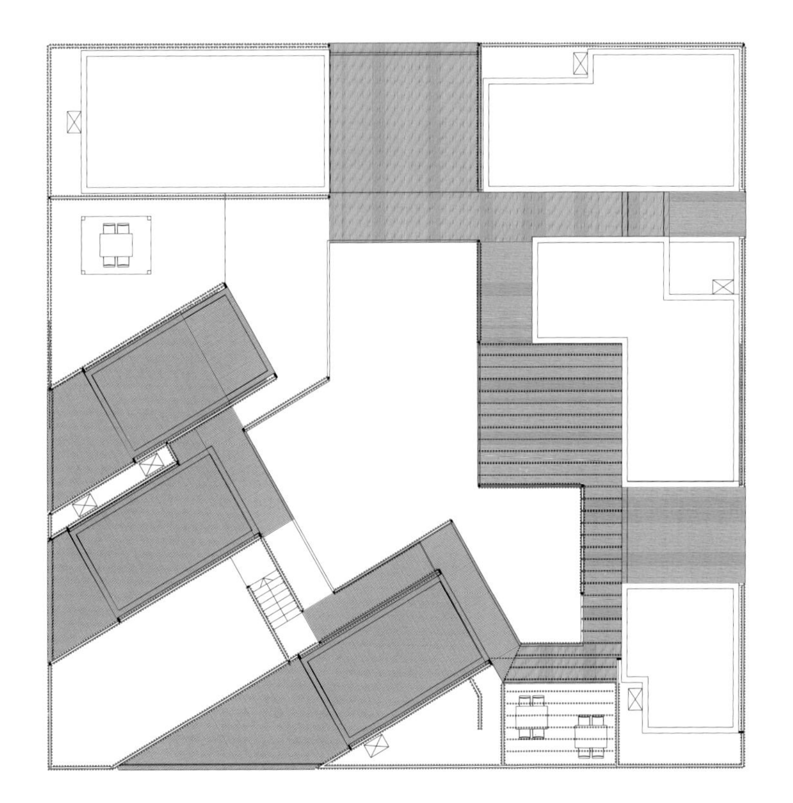

屋顶平面

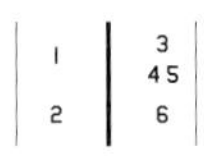

**1-2** 平面图
**3-5** 从午后浮云到华灯初上，一天中竹屋景致的晦明变幻
**6** 回廊一角，坐赏夜风灯影

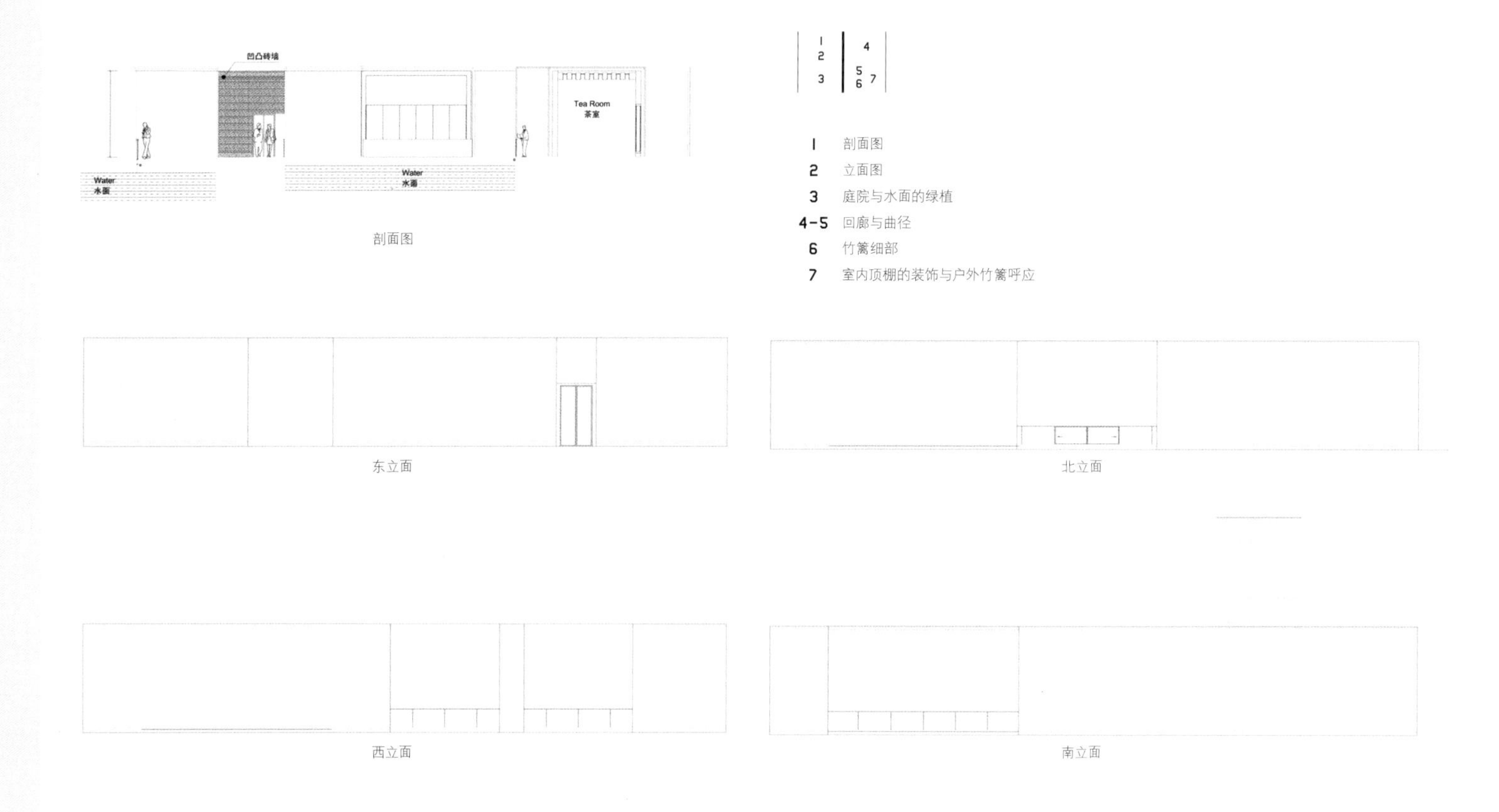


剖面图

东立面

北立面

西立面

南立面

| 1<br>2<br><br>3 | 4<br><br>5<br>6 7 |
|---|---|

1 剖面图
2 立面图
3 庭院与水面的绿植
4-5 回廊与曲径
6 竹篱细部
7 室内顶棚的装饰与户外竹篱呼应

# 上海采蝶轩
# ZEN CHINESE CUISINE

撰　　文 | 窦志强
资料提供 | 潘宇峰

地　　点 | 上海市卢湾区新天地（中共一大会址对面）
面　　积 | 600m²
竣工日期 | 2012年4月
设计单位 | 上瑞元筑设计制作有限公司
主案设计 | 孙黎明
主要材料 | 镀铜金属网、草编墙纸、木饰面、新古堡灰理石、镀铜金属板等

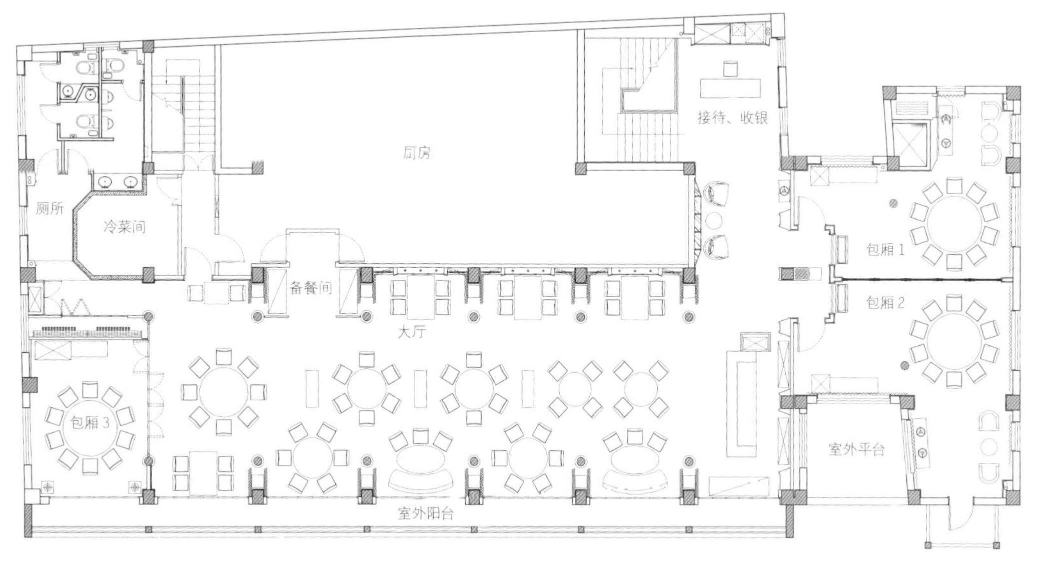


1 | 2 3

1 空间分割呈现阵列的秩序感，茧形灯、轻盈的金属撑条与蓝色的椅子，则演绎着蝴蝶意象
2 梯口延伸到底楼的动线过程，斑驳、迷离，亦真亦幻的“蝶影”视觉印象油然而生
3 紧凑型空间布局，如何使空间使用率与空间的主题情绪达到平衡与协调成为设计的要务

项目地处上海石库门新天地中心，在这里，海派文化与现代商业得到了创造性融合，亦使这里成为国内现代商业业态的典范。整个街区背景与业态气质，给采蝶轩的室内外空间设计提供了母土与创作依据——中西文化的结合与重构，即本土文化的国际化表达。

从外立面伊始，简约、隽永的空间气质即贯彻到底，力图让“寸土寸金”的每一寸空间，都能达到恰到好处的表情传达。金属、玻璃、天然石材深挚沉着，营造出不动声色的品质感。深色的家具与深色的屋顶形成顾盼，天蓝与浅绿提亮了空间，又与暖色的灯光、橘红主题背景形成对比，均产生了生动的情绪跳跃。整体空间架构并不复杂，空间的丰富性关联性由“上海记忆”的艺术品、现代简约的家具、陈设完成演绎；而主题部分，则由黑白勾线的蝶舞画幅和公共空间荧悬的“蝶影”演绎出来——一个架构在现代空间里的“庄生梦蝶”的中式体验油然而生。END

1 | 3
2 |

1 在小资的腔调背景下，几帧海派印象的照片，不易察觉地生成深挚、隽永的记忆感
2 橘红、湖蓝掩在赭石的稳重背景下，跳跃但不刺眼，响亮又不失法度，个性而生动
3 等候区的设计，截取了旧上海"大户人家"厅堂的一角，着意营造优雅、闲适、富足、知性的内心向度

THE CENTRAL AGENCY, LTD.
THE SNOWBALL
WARREN BUFFETT

1 2

1 转角处突出陈设符号的表情性，在灯光的作用下，呈现度置清雅，时光曼妙，窗纱的半通透感与不透光的墙壁形成虚实间顾盼

2 包厢侧重品质感的诉求，色彩、材质、肌理、纹饰、家具、艺术品等要素均流露出中情西韵兼顾的高贵气质

# 格鲁吉亚休息站

# REST STOPS IN GEORGIA

撰　　文 | 刘思铭
摄　　影 | Jesko M. Johnsson-Zahn
资料提供 | J. MAYER H. Architects

公路休息站1
地　　点 | 格鲁吉亚　Gori
设计单位 | J. MAYER H. Architects
设计团队 | Jürgen Mayer H., Paul Angelier, Jesko Malkolm Johnsson-Zahn, Marcus Blum, Guy Levy
设计时间 | 2009年
竣工时间 | 2011年
委 托 人 | JSC Wissol Petroleum Georgia / Socar Georgia Petroleum
施　　工 | Kobulieli and Partners / Ltd."Alioni 99"

公路休息站2
地　　点 | 格鲁吉亚 Lochini
设计单位 | J. MAYER H. Architects
设计团队 | Jürgen Mayer H., Paul Angelier, Danny te Kloese
设计时间 | 2011年
竣工时间 | 2012年
委 托 人 | PM Motors Ltd.

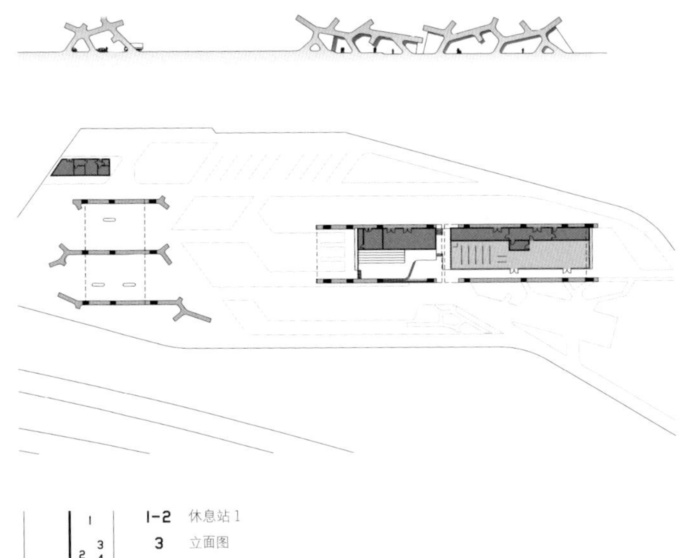

1-2 休息站1
3 立面图
4 平面图

德式建筑在一定程度上反映出德国人沉着内敛，做事一丝不苟的精神，他们的建筑设计注重实用与效率，从而呈现出简约的特征。不过简约不是简单，而意味着更高层次的审美内涵。这是由德国著名的 J. Mayer h. architects 建筑事务所设计的格鲁吉亚休息站项目。1966 年，建筑师 Jürgen Mayer H 在柏林成立了 J. Mayer h. architects 建筑事务所，设计作品屡次获得各个奖项，2003 年还获得了密斯·凡·德·罗奖。近年来，该事务所在世界各地建筑界引发广泛关注。

2009 年格鲁吉亚的公路机构委托 J. MAYER H. 为高速路沿线设计一系列休息站，这个新建的高速路贯穿格鲁吉亚，连接阿塞拜疆和土耳其共和国。这条公路上一共有 20 个休息站点，目前事务所设计完成了格鲁吉亚的两座高速公路休息站，其余正在建设中。

公路休息站矗立在宽广辽阔的天地间，在绿地和蓝天的映照下，突兀地让人眼前一亮。整个建筑采用混凝土，无表皮装饰，纵横交错的几何形体，安排得疏密有致，因为朴素，而凸显出本身固有的，也最易产生震撼力量的体量感、几何感。它们直白地表现出德国建筑的工业美感，无论是清晰的转角，还是简洁的造型，都给人一种厚实、坚固、稳重的感觉。

两座休息站都配备了商店和加油站，以及农贸市场，还有为当地艺术品展览用的文化空间。这些功能区有序地安排在建筑架构内，彼此紧靠，展现了良好的规划性和精确的比例。力求功能实在，任何多余装饰都被摒弃。

休息站激活了当地的地区发展，同时又身兼农贸市场和文化中心的职责。每一座休息站都坐落于风景如画的区域内，既为远道而来的旅人提供休息场所，也为当地社区提供一些设施便利。END

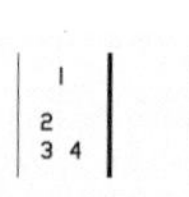

1-4 休息站 2

# 田园风采 流连余香——南澳酒庄行

撰文 | 程俊
摄影 | Renay Cheng

南澳大利亚的袋鼠和考拉让我们笑意盎然，谈到挑动味蕾的，却不得不说那儿的美酒。新世界的美酒虽然普遍不够厚重，我却一直偏执地喜爱其酒体轻盈，毫无压力的果香和让人流连的余味。于是，得以受邀去体验南澳大利亚的著名酒庄，自不能亏待自己的口舌。

# 奔富玛吉尔：
## 嗅一嗅那橡木桶的味道

奔富玛吉尔庄园（Penfolds Magill Estate）是世界上离首府城市最近的酒庄。从阿得莱德市中心前往这里不超过 20 分钟的车程，所以这里也自然成为了我们的酒庄之旅造访的首站。不仅是由于奔富品牌的名声之大，更由于这里的酒庄并不是村庄，也不是卖酒的店，而是一个将从葡萄栽培到葡萄酒酿造、灌装、储存、品鉴、销售等过程集中在一处的场所。除此之外，你还可以在酒庄了解葡萄酒相关知识，并在这儿休闲、娱乐、健身、度假，感受田园之风……

一般到酒庄旅游，品酒是不可缺少的程序。花上几十元钱，品酒师会教你通过视觉、嗅觉和味觉去品鉴不同质量、不同年代、不同色泽、不同味道的各色葡萄酒，用闪亮的、清澈的、金黄的、宝石红、果香、花香等美妙词汇描述各种葡萄酒，给你多重的感官刺激。而在奔富玛吉尔，我却建议你多花上一些钱与时间，参加游览酒庄的行程，因为，第一，那可是出了名的奔富啊！其二，在这儿酿造、灌装全过程必须都是在自家酒庄进行，酒庄也有自己的一流的酿酒师和高超的酿酒技术，以保证葡萄酒的高质量。为了保证自家酒的品质优良和口味纯正，大多酒庄都采用传统的酿造方式。所以你可以更了解酿酒的整个过程。当然，这也是酒庄酒与一般葡萄酒的较大差别之处。

工作人员先是带我们去小型的葡萄加工厂参观，葡萄就是从这里开始起的变化。工作人员通过详细讲解，让人了解整个葡萄酒酿制的过程，我终于把之前书本上的文字酿酒画面与实物一一对齐。

之后，我们再转入距地面十几米下散发着浓浓橡木味道及淡淡果香花香酒香的酒窖。酒窖非常之大，感觉甚至可以在里面举办音乐会。无数酿造好的葡萄酒装在一个个大橡木桶中，存放在地下酒窖里，等待着被灌入酒瓶中。看着这一排排橡木桶，你会觉得这是件多么神奇而有趣的事，这些从老藤上采摘下的葡萄，在安静地、自然地、慢慢地发酵之后，便成我们口中的佳酿。

最后我们便可以轻松地在奔富玛吉尔的品酒室里尝试每一款葡萄酒了，多数南澳酒庄都设有品酒室提供旗下酒款，供人试饮，只要往吧台边一站，热情的酒侍（当然也有可能是老板或酿酒师本人），会引领你逐一试酒。大部分澳洲酒庄不会收取品酒费用，也不会向你推销。如果刚好喝到喜欢又价格合理的酒，或是只有在酒庄才买得到的限定酒款，不妨买一瓶回去享用。

酒侍倒了一杯旗舰酒款让我品尝，可能是由于一路心情愉悦，此时口中的西拉特别对味，于是决定购买上1支回家待朋友小聚品尝。澳洲最知名的奔富旗下的格兰奇（Grange）一直被视为澳洲标杆酒款，强调的是单一品种多产区，拥有澳洲葡萄酒贵族之称的奔富，就是用西拉来酿造其旗舰系列格兰奇的。这次被我抓到机会，自然不可错过。目前，格兰奇在全世界仅存24支，曾被权威杂志《Wine Spectator》称为20世纪最顶级的12款葡萄酒之一，它曾一次次刷新葡萄酒拍卖的价格，其1998年产的Grange曾在2003年被拍出了71040澳元的天价。这也向世人证明了澳洲也能酿制顶级葡萄酒，也成为南半球唯一能与法国五大酒庄平起平坐的酒款。

结束品酒后，建议留下来在庄园的餐厅享用晚餐，不仅可以观赏美丽风景，还可以享受搭配美酒的美味食物；或是沿着酒庄四周的走道，进入葡萄园里逛逛，如果正值2月底葡萄采收前夕，不妨摘几颗成熟的葡萄，连皮放进嘴里来尝尝，酿酒葡萄甜蜜浓郁的滋味，定会让你的旅途添香。

# 杰卡斯：
## 让人心如止水的田园风采

芭萝莎距离南澳首府阿得莱德约70公里，大概1个小时的车程便可以抵达。这里是一个相当有趣的葡萄种植地，密密麻麻聚集了众多澳洲优秀酒庄，有着各不相同的酿酒理念——有些酒庄崇尚酿造高品质葡萄酒的理念，而另外一些则走完全商业化的路线，每一瓶葡萄酒均按照大众化口味来酿制，以讨好尽量多的爱酒之人。杰卡斯酒庄（Jacob's Creek）便是后者的代表。

我有幸结识了杰卡斯（Jacob's Creek）公关经理，这位颇具经验的友人开门见山地告诉我杰卡斯的酿酒理念："我们出产适合任何人在任何时候饮用的葡萄酒。"确实，在过去的3年中，杰卡斯品牌已赢得了超过800个世界范围内的奖项。你可以在全球超过60个国家买到其大部分的葡萄酒，杰卡斯早已成为中国市场家喻户晓的澳洲品牌之一。这里的澳洲人似乎把杰卡斯当作一种高端的大众品牌在经营，这更让我有一探究竟的欲望。

"杰卡斯酒庄位于南澳大利亚的芭萝莎产区一条叫杰卡斯的小溪旁边，当年酒庄主人约翰·格兰姆（Jonann Gramp）就在此种下了第一棵葡萄树。"讲中文的接待帅哥说道。由于目前来自中国地区的游客日益增多，杰卡斯酒庄特地招聘了一位来自中国的葡萄酒接待师，这儿也是南澳唯一有中文讲解的葡萄酒庄，若您需要中文讲解，提前预约即可。

我们进入葡萄园之前，把鞋子底在消毒水

中消毒下再踩入土地，接待师说，这个是为了防止葡萄藤感染上不干净的虫卵之类的造成灾害。“整个酒庄包括品酒室、酒窖、陈列酒庄、博物馆以及著名的酒庄风光，其中葡萄园有14种葡萄。”在国内已习惯了喧嚣，初到此处的安静竟然有些让人不习惯。山谷内静谧安详的西式风情让人心如止水，看着满坡的葡萄架，口腔内已是清泉暗涌。

听完讲解后，你可以去品酒室浅尝试饮，也可以如我们一样，干脆在美景包围的酒庄餐厅内，以土耳其面包搭配橄榄油，或以烧烤牛排或羊排搭配美酒，坐下来发发呆，享受悠闲的午后阳光，看着连绵起伏的山谷和一望无际的葡萄园，与酿酒师聊聊天，来个轻食吉士与腊肠拼盘，佐以醇美的葡萄酒，绝对是既幸福又浪漫的旅行飨宴。

# Morooroo Park：爱丽丝梦游仙境

Moroooroo Park 坐落在风景如画的杰卡斯溪旁边，而现在基本走的是小清新风格。这儿应该算是最不像酒庄的酒庄。事实上，她兼具的功能也确实比一般酒庄多一些。

步入其中，你会误会自己一头撞进了爱丽丝梦游仙境中的花园，Moroooroo Park 拥有七幢欧式装饰的独立小别墅，以及古典法式风格的漂亮花园。这些古老的小别墅建筑以历史悠久的石头建构起来，据说可追溯至19世纪40年代，现在他们被改建成各类设计独特的酒店套房，每间房间内的风格各有不同，布置得温馨典雅，所以现在很多当地人会来这儿举办婚礼或度蜜月，很受新婚人士的青睐。

Moroooroo Park 酒店独特的餐厅提供搭配精选葡萄酒的各式菜肴，当天当我进入时，40来平方米的屋子只有一对情侣在用餐，浪漫异常。顿觉自己有些失礼，立马退出，恰巧遇上主厨 Wyndham House，他便把我们拉到品酒室聊天。

这里的品酒室以前是个堆放废物的房间，拥有160年历史，被酒店改造后，现在看来更像是个很有调调的小酒吧。门口的小桌上摆着一本看似很有年代的相册，诉说着当年那些酒庄主人的家族史。我在那里小饮了一杯名叫“earthsong”的此家特色气泡酒，清甜的口感，女孩子一定非常喜爱，精美的瓶身带回家送朋友也是非常有心思的礼物。与风趣幽默的 Wyndham 聊天，才得知 Moroooroo Park 的前身其实就是 JACOB's Creek Retreat，酒店餐厅每一道菜均由主厨 Wyndham House 以最新鲜的当地食材烹制而成。问及刚才餐厅一幕，才知之前那对情侣为了庆祝20周年结婚纪念日，男主角特地包下餐厅独享他们的浪漫时分。可不料被我这个外来者误入，罪过罪过。

Wyndham 见我来自上海，特兴奋地告诉我他也曾去过上海看了世博会，他很喜欢那个繁华大都市，可当我问及他更喜欢在哪里生活时，他想了想，说“还是这儿吧，因为这里有我钟爱的美酒！”

# 禾富：调制一瓶自己的好酒

在法国，酒庄老板一般认为葡萄酒爱好者最多买几瓶葡萄酒带回家，而澳洲人知道，他们其实是在做娱乐业。大多数普通人会因为第一次看到成排的葡萄树、酒桶和发酵桶而感兴趣，但当他们看到第三层的无数橡木桶后，兴趣趋向便会有所减弱。所以，澳洲人很聪明地开创出“亲调葡萄酒之旅（Make your own blend）”，你不仅可以参观酒庄美景，花上一些钱，还可以在品酒室中品尝并酿制出标有自己名字的葡萄酒。

禾富酒庄（Wolf Blass）的创办人也是德国来的移民，1966 年开始在澳洲酿酒，1974 年开始就连续 3 年夺得詹美华生大奖，他的 Black Label Cabernet Sauvignon Shiraz 于是名声大噪，禾富酒庄也发展迅速。

我们在这里亲自调制了“Renay”牌的“声名大噪的黑标酒”。首先，酿酒师解说葡萄酒的风格和品种，然后让我们逐一品尝不同葡萄品种所酿造出的葡萄酒。酿酒师会捧出一款特色葡萄酒让我们品尝，然后我们需要根据自己的记忆与口感的敏锐度，来模仿混合。最后我用了 45% 的 grenache，35% 的 shiraz，20% 的 mourvendre 混合搭配，虽然与酿酒师给出的答案相差甚远，可我却觉得味道还不错，就如酿酒师说的：“无论对错，其实你认为好喝的就是最好的葡萄酒。”之后，他把这支酒封好，把有我大名的酒标贴上送给了我，面对这支具有纪念意义的酒，本来想带回家好好保存，可当晚就没能忍住把它喝了，只能把空瓶带回家珍藏。END

# 刘宇扬：在地的他者

撰　文 | 王瑞冰
资料提供 | 刘宇扬建筑事务所

| 刘宇扬 | |
|---|---|
| 1969 年 | 出生于台湾台东 |
| 1988 年 ~1992 年 | 美国加州大学文学士（都市研究） |
| 1993 年 ~1997 年 | 美国哈佛大学设计学院建筑硕士 |
| 1992 年 ~1993 年 | Kennedy Violich Architecture，实习建筑师 |
| 1997 年 | Leers Weinzepfel Architects，助理建筑师 |
| 1998 年 ~2000 年 | SOM，项目建筑师 |
| 2001 年 ~2006 年 | 香港中文大学助理教授 |
| 2007 年 ~2008 年 | 深圳－香港建筑 / 城市双城双年展协同策展人 |
| 2010 年 | 成都双年展联合策展人 |
| 2006 年至今 | 刘宇扬建筑事务所主持建筑师 |

**ID** =《室内设计师》
**刘** = 刘宇扬

# 迁徙中成长

**ID** 能否描述下您大学之前的成长环境与经历?
**刘** 我在台东出生，台湾最东部的一个小城市。因为父亲工作的关系，每隔两三年就会调到不同的地方，大城和小镇都待过，在台中待的时间最长，有6年。当时的台中有大概70万人口，没有什么高层建筑，街道尺度都非常人性化，既有地方乡镇的亲切感，又有城市化带来的足够的方便性。1984年，我15岁时离开台湾后先到新加坡呆了半年。新加坡不像台湾那样有城乡变化的过渡空间，但有很多漂亮高耸的高层建筑，同时也保留了一些老城区，华洋杂处，觉得很亲切。之后到美国西海岸的洛杉矶又呆了半年，那边完全是市郊空间。最后定居在旧金山边上的小城市，开始有机会到旧金山市区，又重新找到城市的感觉。

当时的我懵懵懂懂，就像一块海绵，到了哪里都不断吸收。18岁之前没有什么选择，只能跟着父母的决定不断迁徙，不断去面临新的人、事、物，这对小孩来讲是很大的挑战跟压力。有这些经历之后，面对很多事，我都会先接触后才形成我的判断，而不会先入为主地下定论。迁徙经历让我对很多事有更开放的态度。

青浦环境监测站

# 从都市研究到建筑

**ID** 您本来在加州大学学医科，后来为什么会想转学都市研究?
**刘** 这可能是对自己开始比较了解后的一个自然转变。美国教育非常推崇通识教育，正因为上了通识课程，发现我的兴趣更偏向社会人文方面。我在校园里第一次接触到1960~1970年代的美国现代主义建筑，特别喜欢这些硬朗而不矫揉的野兽派混凝土建筑，同时也经常去位于学校对面的沙克研究中心，后来又跟家里人到日本、泰国等地参访了一些传统寺庙空间，就觉得建筑特别有意思，开始想多了解一点建筑，并找一个与内心更接近的专业作为将来要走的路，所以就转系到当时学校里跟建筑最接近的都市研究，虽然这个专业更多是从政策、社会学入手。

1992年我本科毕业后先到了波士顿，想留下来，就直接找了哈佛大学一位教授的事务所实习。事务所就夫妻俩，一边教书一边实践，我是唯一的雇员。当时的项目是一个临时观赏台，用来放置在波士顿“大开挖”工程中发现的一些历史遗迹。我每天的工作是一早先到现场跟工人一起施工，然后下午回事务所改图，完成模型。这半年实习，两位教授对材料、建造的理解和事务所状态都对我有一定影响。他们用工业化产品作基本元素，设计出非常规的建筑类型与功能；他们的事务所既保持自身的独立性和学术性，但又不是纸上谈兵。半年后，我如愿申请到了哈佛大学的建筑系。

**ID** 您在哈佛的学习经历是什么样的?
**刘** 因为我本科非建筑专业，所以在哈佛念的是三年半的研究生，从基础设计到毕业论文，是很完整的哈佛建筑教育。在哈佛印象比较深的是当时负责第一学期基础教学的Jim Williamson教授，他作为海杜克的弟子，从一开始就让学生突破对建筑的既有认识，比如当时的一个快题——通过从一本书里选一篇跟气味有关的故事构建出一个空间，希望学生在看设计时能独立思考问题，而不是安于现状或随意地套一种模式。

还有我研三的老师，赫尔佐格和德梅隆，他们是实践型建筑师，绝口不谈理论，那一年他们直接拿当时正在做的多明莱斯葡萄酒厂给我们做设计题目。我们发现他们的意见很少矛盾过，但谈的层面又截然不同，赫尔佐格会讲一些虚无的感觉，不太注重看平面或具体构造；德梅隆就不谈任何形而上，就看详图、构造等。他们有非常好的默契，对设计看法一致。我印象深刻的是，当时我为了呼应附近山势，做了点旋转的形态，德梅隆每次过来都问“你觉得有必要做这个旋转吗？”他会去质问你，让你自己思考。到最后我发现旋转真的可以拿掉，不用建筑形式而可以用人的视点、动线去呼应环境。

数年后因为跟李嘉诚基金会在汕头大学合作的一个项目，我带着他们第一次中国行，从北京、上海到汕头。那时正好是北京奥运项目竞赛的筹备阶段，他们透过李嘉诚基金会的负责人联系到北京奥委会负责建设的部门，也很快地跟中国院形成合作关系，最后中标鸟巢的经历大家都知道。他们作为已成名的大师，虽然是第一次到中国、到北京，但心里已经很清楚要什么，由于汕头项目来中国，但目的在于奥运会主场馆。

**ID** 在哈佛大学，您还作为研究小组成员之一，跟着库哈斯完成了中国珠江三角洲城市化研究，这段经历是怎么样的呢?

**刘** 当时的库哈斯已经看准要做珠三角研究，全年毕业班四、五十个人全去面试想跟他做毕业论文，他选了包括我在内的八位同学。他选人的方式很有意思，不是问我做什么，而是问我家里是做什么的，我说我爸是记者，之后从政。后来我才知道他当时设想的几个研究主题中就包括了政治和政策方面的，而我的中文能力也是考虑原因之一。在珠三角研究中，库哈斯非常注重田野调查、资料收集以及跟社会学的关系，他的荷兰背景让他自然而然地在研究城市和建筑时采取更扩散性的研究方法。

1995年冬天我们一行人到了珠三角，在深圳认识了马清运和他的助教祝晓峰，并一起在珠三角为期几周绕了一大圈。我们跟规划局、建筑师、开发商碰面，用各种方法收集资料。但库哈斯的出发点不在于比当地人对当地情况了解更多，而是希望真正去设想像深圳这样新的城市“生产”模式如何影响城市、建筑的发展?他要让西方知道传统城市不是唯一的模式；同时，他希望在理论上能推进建筑学和城市学，提出一些新的定义。

1997年我们的研究论文完成之后，库哈斯把调研成果带到了德国卡塞尔文件展，我们也帮忙做一些布展工作，并开始意识到建筑的影响力除了建筑物本身，调研、展览、写书等能产生更广泛的影响力。2001年《大跃进》正式出版，我的哈佛生涯也暂时告一段落。

**ID** 您对库哈斯个人有什么样的印象?

**刘** 因为对一件事的兴趣和好奇心，他的专注度跟投入是不可想象的。他也是个非常有纪律性的人，不管到哪里，一定每天早上游泳，游完泳就把一些事想好了，就跟我们讲，精力比我们还旺盛。我做他学生时，他名气已经基本达到顶峰，我也不会想到他后来还会有这么一大段上升空间。最重要的还是他思考的尖锐性跟观察的敏锐度，看任何事情都不会只看到表面，有独立或批判性思考，这是我感受比较深也希望自己在实践过程中能保留的一块。

**ID** 库哈斯在《疯狂的纽约》等书中提到对都市与建筑的看法，您也到过很多地方，您对都市、生活、建筑的关系有何看法?

**刘** 1970年代的美国主要讨论低密度化，但他说曼哈顿之所以成为艺术、文化、经济的重镇正来自所谓“负面”的东西——高密度、交通堵塞、使用功能的改变及不确定性等。他说高层建筑是第一次能将实际生活的多种需求密度化成一种城市关系，从而改变整个社会。但他又不拘泥于这一点，后来他开始关注亚洲城市，在东京他看到的是城市空间如何被时间所分隔；在珠三角他看到了一片超大型的城市区域而不是一座城市，他的城市理念来自于曼哈顿，又跳出了曼哈顿。

我关注的是下一代的城市，不论是老城区或是新城，都将有所变化。如果以珠三角和上海为例，我们看到的是一种城乡模糊的状态，这是正在发生的事，只有对它有所了解，才有可能做出一些改善。学术界和政府层面已开始更多地关注社区参与和公平性，我觉得整个社会在往这个方向走，我个人的切入点可能在于微观城市，在一些更细致的层面上产生积极变化和效益。

1 官书院胡同18号
2 青浦豫才桥
3 陈家山公园十里闻香楼茶会所
4-5 东莞玩具工厂

# 从纽约到上海

**ID** 您哈佛大学毕业之后的工作经历是什么样的呢?

**刘** 当时选择了纽约的SOM，我看中的是它的历史跟专业性，它是现代主义从欧洲传入美国时发展起来的商业事务所，现代主义刚开始在欧洲相对精英化，但传到不那么精英化的美国社会后，随着美国经济发展的需要，现代主义变得更普遍化，以SOM为代表的很多事务所都信奉现代主义建筑，我对这个过程很感兴趣，我觉得建筑不仅为少数人服务，还能为社会产生更大效益。我就想看它怎么操作，哪怕它的辉煌时期已经过了。

在SOM任职期间，我被分配到位于曼哈顿的一个投资银行总部超高层项目，从上班第一天到离职，把这个为期三年的项目从头到尾跟了下来，具体负责了不同部位的设计，当中自己一些独立想法也得到了认可和实施。到了工程后期，我希望能有机会探索自己的建筑观，回归到建筑学更本质的方面，就离开纽约到了香港，开始了我的任教和个人实践。2006年之后因为想把更多精力放在实践上，便选择来上海成立个人事务所。

**ID** 您去过那么多城市，为什么选择在上海成立事务所?

**刘** 因为我20岁之后都住在大城市，所以还是想以大城市为主要选择；我成长的城市都是有不同尺度、有点杂乱但又很生机蓬勃的空间模式，上海好像也是这样——大城市、足够国际化、又有很多本土的东西，而长三角周边的城市和文化也很丰富，人的个性都比较平和，就选择落户上海了。

**ID** 事务所的定位及现况如何?

**刘** 我不追求做大尺度或高端项目，而是要对建筑实践有探索意义、并能够保证质量的项目。我们不按常规模式去生产大量的建筑，但也不只做量身定制的精品，而是希望做出符合我们内心价值观的建筑。前提是在文化、美学上有追求，在设计上有挑战性。事务所虽然规模不大但要很精专，要有爆发力，每一次的设计都有一些惊喜，追求一种完成度吧。我的业主要对建筑师非常的尊重，对空间有一定好奇心，这样他就会需要一定的差异化设计。我们有些项目会来自私人业主，他们有了经济实力和一定品味后，会逐渐有生活及文化上的追求，就必须有建筑师帮他完成理想。

**ID** 有哪些项目对您意义较大或印象比较深?

**刘** 我做过的项目重复性相对少，也会去尝试一些多数人不太做的项目类型或手法。2000年到了香港后我跟一位同学合作设计东莞的一个住宅项目。这个项目的地上3层是商业裙房，裙房上面有十多栋塔楼，基地介于一堆矮房子和主路之间。当时我们提出一个观点，希望一层的商业裙房不要完全隔断这些矮房子聚落跟道路之间的联系，而能做一些通道贯穿商业裙房，并在通道开口处进入商场。当时的配合设计院提出反对，说商场从没有这种做法，但业主听完汇报后却同意了我们的方案。图纸完成后一直没通知动工，直到2004年有一次机会经过东莞，我就想再看看那块地，发现居然盖起来了，方案提出的通道居然也都做了，而且真的很好用，人气很旺。我就觉得作为建筑师，首先要有自己的观察和认识，并花时间去想，然后提出自己所相信的意见，提出了才有机会成为现实，如果不提，就连机会都没有。到了2005年，我参与深圳双年展研究城中村时，才了解到这些矮房子就是城中村，当时的业主其实是那个村的村长，由于中国城乡土地二元化政策，开发用地是村集体拥有，这时我才把当时方案跟背后的决策过程联系起来。作为村长，他当然乐于见到村与城市的关系不被新的建筑断开，而作为项目业主，他对我们方案的接受也绝非出于偶然。建筑往往呈现出一种表象，不深刻挖掘不会理解背后的原因。

这个项目设计完后，我的一位实业家朋友在东莞有一家玩具工厂，请我帮他设计一些工人打卡亭，我用了一些便宜的工业材料，并在平面布局上帮他重新梳理了人流动线，建成后效果很好，一两个管理员就可以把工厂上千个员工的进出理得很顺。之后他们就请我设计一栋5层楼的厂房。项目过程中，经历了层数和面积调整、现场测绘误差、跟设计院的磨合、与业主沟通、造价控制、换工程队，还有因为自己经验不足犯的错、坚持一些想法最后得以落实。在这期间，我在香港认识了后来上海当代艺术馆（MOCA）的龚明光馆长，他邀请我来上海考察他在人民公园的项目。龚先生的本业是珠宝，原来想把这个地方改建为珠宝展览馆，但过程中，负责珠宝设计的合伙人决定不来上海。当时改建设计方案已经差不多做完，功能要重新设想，多方面考虑之后，决定改为当代艺术馆。艺术展馆跟珠宝展馆最大的不同在于观赏尺度和距离，珠宝需要人走到很近去看，不会有太多环境光，展示品不会动，流线也比较固定；而当代艺术作品的参观流线则是开放的多重流线，展品尺度差异非常大，空间和灯光需要有更灵活的设计。这期间除了经历了功能的改变，也换过三次施工团队。完成之后的MOCA成为上海很重要的艺术文化阵地，除了展览外，他们的教育工作也做得很好，经常办一些儿童教育活动。项目的成功不是房子建成就结束，对建筑师而言，一个理念能通过运营管理贯彻下去也是很重要的。建筑的生命来自于使用者给予它的生命。MOCA建成是2005年底，东莞厂房建成是2006年，所以2003年~2006年我是同时在做这两个项目，也应该算是我同时完成的两个处女作吧。建筑师需要面临的很多问题可能都在这两个项目里让我给遇上了，这对我后来的实践是一段非常难得的磨练。

2006年当我决定搬到上海时，东莞玩具厂的业主又请我做设计了一座仓库，规模大约一万多平方米、1层的钢结构和镀锌钢板表皮，完成的效果觉得很挺很干净。它的构造体系和材料选择很大程度上决定了建筑的呈现效果。我离开中大的教职后，决定将精力完全放在事务所上，但在上海基本从零开始，因此这个项目对事务所初期的经营很重要。从2003年~2008年，我除了负责了这位业主的工厂项目，同时也完成了他在香港的居所、他儿子和女儿的居所、以及他香港办公室的室内设计。大至厂房、小至一扇门，他给了我许多机会，是我早期实践中最重要的业主之一。我透过这些带有一定随机性的经历，形成了个人的实践体会。

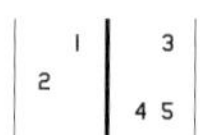

1 上海当代艺术馆
2 东莞玩具仓库
3 江西新余自然科学博物馆
4 上海南京路步行街行人服务亭
5 朱家角人文艺术馆

# 从设计到其他

**ID** 您觉得您是一个怎么样的建筑师？

**刘** 学建筑前，我是用非专业眼光欣赏建筑和城市。后来念建筑、教学、实践等经历让我变得专业，但如果只从专业角度看建筑也会产生盲点。建筑里有专业回答不了的精神层面，如果因专业而忘了以普通人视角看事情的能力，是比较可惜的。我希望专业和非专业两种状态并存而不断地相互刺激，希望不断回到出发点，想清楚为什么要这样做，想清楚要什么。我希望我是一位建筑师，也是一个普通人。

我曾经不断地迁徙，从台湾到美国又到香港，这些迁徙和受教育的过程让我吸取到很多养分，并已经慢慢开始内化，形成了现在的我、我的价值观和多元的文化背景，我特别向往一种混合多元的状态。我们处于全球化的时代，但我又很认同本土化，我希望找到一种全球化跟本土化并存的模式。全球化可以是成熟和具有普世价值的东西，比如工业化生产，但过程中要做出适应本土的调整，我不喜欢把任何本土个性抹杀的全球化。而“本土”也可以是属于这个地方，却有本质不同的“在地的他者”。我希望用这样的方式去做建筑，不做标签化的设计，让每个项目有所变化，能保有项目自身的东西，也植入建筑师的想法，多年之后再回顾，又可以看出内在一些不变的线索。

**ID** 除了设计，您还介入展览、出版、研究等领域，这些身份跟建筑师身份有何不同？

**刘** 在建筑这个体系下，建筑师的工作不仅是生产一栋栋的房子，也要生产关于建筑、城市的思想和影响力，而正是展览和研究让我们有整理更新想法及反思的机会。往往通过策展，我们邀请的这些建筑师的作品让我得到很多启发，保持了我的一些新鲜感。所以做这些事不但不会分散我对建筑的关注，反倒更强化了。

**ID** 您在美国念书，在香港有过建筑教职，现在又在上海实践，您觉得这些地方的教育方式培养出来的人才有何不同？

**刘** 我觉得亚洲建筑师还是有独特的问题要解决的，亚洲城市一方面不像欧美系统那么成熟，但一方面又有足够的密度和城市问题，我觉得重要的不是一味追求欧美模式或风格，而在于能否从所处文化和城市语境中找出自身的建筑实践之路，我觉得建筑学教育也是一样的。

**ID** 除了大学老师，在您实践过程中对您影响比较多的还有哪些人？

**刘** 在实践过程中遇到很多人都对我的建筑思考有所影响。1996年在深圳认识了马清运，我看他从还没成名到后来成为中国最重要的当代建筑师之一，发挥了他的个人能力跟影响力，形成完全不一样的实践状态。我觉得他更像一名开荒者，他回来中国时，没几个业主知道什么是独立事务所，他给很多地方政府启了蒙。我从他身上学到，建筑师有了信念后，就应该主动去发挥他的影响力。

香港中文大学建筑系前任系主任白思德（Essy Baniassad）教授，是一位理论功底深厚又很率真的老建筑师。他从伊朗移民到英国又到美国，最后定居加拿大，在香港任教多年又在南非指导当地的建筑教育与实践，对各地的风土民情如数家珍。他对建筑教育很执着，对本科教育提出许多创新，把建筑教学分成城市、人居、建构、技术这几个很本质的方面，而不是按项目类型和建筑尺度大小去教。我从他身上同时看到了学者的严谨和长者的睿智。

荷兰建筑师，德国柏林工业大学可持续城市与建筑教授 Raoul Bunschoten，是在低碳城市领域中很有创新性的人物，他认为要从动态反馈的规划层面去系统性地达到节能减排，而不是纯粹从建筑技术角度，从 2005 年开始我们共同合作的台湾海峡智慧城市的研究项目中，他让我更全面地看到了大城市的系统问题。

李欧梵教授，我在 1997 年跟几位同学在一个纪念香港回归的概念竞赛中得了优胜奖，李教授在报纸上看到我们的竞赛方案就主动约我们见面。我跟他一见如故，他没有任何建筑背景，但对建筑抱有兴趣。他是一个文化学者，又很入世，很喜欢跟社会各阶层打交道，他的文章又能反映一些比较深刻的事。他让我觉得建筑不只是专业的事，也是社会、文化的事。建筑最终的归属在哪里？跟他的交流让我感到，应该还是在人文。

来到上海后认识的一群建筑师同行好友，他们让我感觉到自己不是单打独斗，而是在一个群体相互支持的环境下共同面对建筑的一些问题，事务所之间也会有一些项目上的合作。当然还有我执业生涯中的每一位业主及合作伙伴。

**ID** 下一阶段想要做什么？

**刘** 最近我开始参与的是对上海一些老区街道的研究计划，我和几位建筑师和地产界的朋友，结合了学术、专业和商业资源，寻求一种有别于历史保护或大拆大建的城市更新手段，形成一种更有效的平衡各方利益的城市空间策略。我们的设想是通过一种跨学科并与管理部门合作的模式，从过去的静态规划调整为新的动态规划。同时我们正在进行几个非常有意思的公建和私人项目，相比过去几年，事务所的团队和经验更成熟了，而我本身具有城市学和建筑学的双重背景，建筑与城市的关系将会是我一直的关注点。END

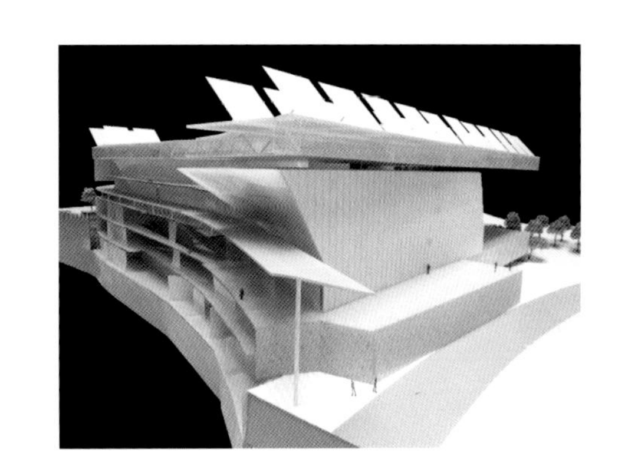

# 唐克扬

以自己的角度切入建筑设计和研究，他的“作品”从展览策划、博物馆空间设计直至建筑史和文学写作。

# 画中长物

撰 文 | 唐克扬

设计如今和摄影密不可分了，大多闻名遐迩的建筑我们只能通过照片了解，于是镜头里的观感成了“第一印象”也是“唯一印象”。只可惜很多看起来不错的项目用用就“不上像”了：混凝土细节开裂磨损了，原来简洁的墙面让二次装修的多此一举毁了，难看的家具侵扰了对齐的拼缝……于是设计师就赶在项目入住开用之前，下大功夫花重金聘请专业摄影师长枪短炮，旁轴正片，就为了在夕阳下捕捉那“一刹那的温柔”。

摄影是外物在心理世界的投影之一种——偏偏建筑有种“厌物症”，因为按照启蒙时代以来的逻辑，建筑应该成为其自身，需要将镜头中的多余之“物”驱赶殆尽。

在结构理性兴起的时代，这“自身”本是袒露的抵抗重力的逻辑，在他们眼中，古典建筑的“核心节点”：石制柱头、木构斗拱，都是“形式追随功能”的最好说明。在现代主义兴起后，这种理性内在的矛盾性得以展露，原来“少就是多”并不一定意味着“好就是多”。在柏林新国家画廊之中，为了做到“少”，密斯不惜让很多展览搬到地下室中，把原来应有的围护遮蔽全部撤销，让一层外围的细柱搬到中央……这些既不是结构的讲求（如果那样应该有“不均质”的平面才对），也不是功能的安排，他更逆天而行，把原本博物馆陈设的标准要求篡改了以适应他“恍如无物”的逻辑，让一层展厅四面自然光透漏。

严格地说来“恍如无物”并不一定是指“什么都没有”——毕竟建筑本身是一个巨大的“物”。但是建筑摄影很好地揭示了“画意”的视觉和建筑感受的关系。传统的建筑观念对应的是纪实摄影，人们在画幅中看到的满满的都是建筑师的工作：在这里是精雕细凿的细部，在那里是两种材料刻意造成的质地对比；而在后起的建筑师那里，设计可能未必再是那般“可见”的，“氛围”和“感受”统治了画面。卒姆托的科隆美术馆让旧墙砌入新的建筑，拉斐尔·莫尼欧的罗马艺术博物馆是在新建筑中嵌入老的元素，它们有意让设计降调，让“新”“老”的区别变得微妙，当你走近了或看的时间长了，才会发现其中的区别，就好像罗马废墟中不同的层次。设计的“有”或者“无”，全取决于你是把它看做审美的客体，还是一种情境。

“物”的消失有三种可能：

——物和情境的差异不存在了，或是减少了；

——由于隔得太远，物并不直接参与现实；

——物本身是活动的，它就是现实。

在致密的城市肌理中生长出的建筑，在遥远的视线外的建筑（比如永远少有外人去的某些建筑），把主体充分嵌入的“景观建筑”或是“景观地构造出的建筑”都不易有赘物式的拖累。可是很多时候这些条件都是难以满足的，例如牵涉到室内的项目，“物”和“人”的关系变得比较微妙，很多有洁癖的设计放不进去“人”，因为在真正的生活画框中不可能没有多余的“物”，而人和它们的关系实在是太近了，很难隐藏一切——据说，斯蒂芬·乔布斯是一个相信“禅”的人，尽管富可敌国，他的家里却家徒四壁，只有必要的起居设施比如台灯。这毕竟只是一种传说，人们难以想象，乔布斯在自己的办公室里干活的时候，案头还依然可以是一尘不染，毕竟那么多的对于“绩效”（efficacy）的要求摆在那里，他的产品越来越大的屏幕，越弄越复杂的功能就是明证。

文明史证明，人的欲望绝不会是自动下调的。前浪后浪的追逐，造就了心智对于外物的关注和投入，建筑中的“物”既是弥漫无边的存在，又注定是多余、耗费的，这或许正是一代代层出不穷“设计范儿”的建筑师有工作的主要原因。

未来也许例外？当代的建筑师嚷嚷着，把所有工作交给“自动”（或者“自主”）之后，手法主义式的“人的冗余”（human redundancy）就会减少。可是我们如果回溯一下现代主义以来的历史，就会发现，其实这不过是新桃换旧符。闪亮的数字美学除了在某些环节创造更高的工作效率之外，并不能将形成性的“形象”和感受“路径”从建筑学中彻底驱除出去，就像20世纪福特式的资本主义最终和“做工精良”的苹果产品并行不悖——如果不是全部，“形象”至少是“设计”存在的理由之一，“路径”则是人们接近它的办法，与纯粹自洽的“建筑学”相比，建筑“设计”归根结蒂还要取决于“人择”的因素。

“人”和“物”注定是彼此又爱又恨的连体婴儿。现代主义建筑的出发点本来是要提高效率，并不是要彻底消灭“人”。从这个意义上而言他们的“物性”从一开始就存在着自我矛

盾。一方面大规模生产人为地压低了感性（“效率”减少了投入），另一方面他们又力图在简化的、造价大大降低的物质构成里找出一种更丰富的美学来。因此你会看到一种颇为混杂的局面：很多建筑师都夸口自己构造节点的细致精到，这在人际尺度上也可以充分地感受到；同时，这些节点不能不是更大的情境中不可分离的部分（现代主义的“系统—结构”思想）。可是，由于各种原因，“更大的物质情境”往往是不能兼容这种小的、手工艺思想驱动的物性的——这也有点象一台苹果计算机，它的人机工程学或是器件在外壳内有秩序的分布和集成电路的逻辑是不一样的，尽管后者“看起来”也很酷。

既简单又丰富，既小又大，既局部又整体，这就是现代主义以来自相矛盾的使命。在这里减少一切不需要的东西又维系“设计”的优良成为一项既简单又徒劳的任务，在《古典艺术：意大利文艺复兴艺术导论》中，沃尔夫林已经提出，真正的艺术原则：“一方面，是可视对象的清晰性和形相的单纯性；另一方面，是对视野中更加丰富多彩的内容的要求……此外还有第三个因素——整体而且同时观看各部分的能力，即把视域中种种物体作为一个综合部分来把握的能力，这种能力与这样一种构图相联系：在这种构图中整体的每个部分都让人觉得在那个整体中有其必不可缺的位置。”

甚至早在文艺复兴时代，理论家们就已经正确地看到，只有有机生命，而不是静态的类型学，才能轻易地达到以上这种理想的状况。通过增加层级优化算法，而减少繁复的物质堆砌，设计图纸上的现实也许可以最大程度地逼近生物层面的和谐，可是，在现实中它们往往还是两码事，原因在于建筑师使用的“物”本身没有生命。用一块牛肉去模仿活牛相应部位的做法只在心理唤起的层面上管用，它们很难有持久的效用。

因此在设计中的“物”需要得到转化以便使其“消失”，这也是传统“拟似”（analogical）的设计方法至今依然可以成立的理由，它们要么是客观世界的投影—再现，要么是这种投影—再现的机制，沃尔夫林谈论绘画的方式未必一定会导致一幅画，而是带来感受中的“画意”：“将一个特定对象变为适用于绘画形式的视觉形象所用的方法，在这个意义上‘绘画形式’的概念可应用于所有的视觉艺术”。若干年后，库柏联盟的教育家约翰·海杜克相应地提出了逆反性的原则，从而从反面证实了这种过程的必要性：“如果画家能够通过一次转换，将三维的静物转化为画布上的静物画，那么建筑师能否用画上的静物，通过一次转换，建造出一个静物来呢？”（《调整中的基础》）

这种转换的途径和上面提到的那若干种“消失”的前提不同：与其在视觉上和物理上隐藏“物”——这些是不容易在设计师的角色设定内做到的——不如“忘物”，承认它的存在，改变对它的态度，改换它和人的关系。

对于中国古人而言，“忘物”也许应该更多地写作“物忘”。张永和写过，中国的传统园林对他而言主要是一种“内部的印象”（《寻找不可画建筑》），这样的空间里不符合以上我们所说的三种条件，物是断然存在而且不易抹杀的，中国传统建筑的叠墙架屋，更不同于今天极简主义建筑从物质层面上“简化”的手法，与其说是人们遗忘了“物”，不如说是在“物”中忘却了自己，也是在“物”中忘掉了“物”。

从相传成书于战国时期的《易传》开始就有“观物取象”的说法，它一路发展为后世的“格物致知”，同抹杀“物”、隐匿“物”的做法相比，这里对“物”的观察是积极的，无微不至的。可是这种观察有自己的特点：首先，它是“俯仰观察”，就是“仰观宇宙之大，俯察品类之盛”（《兰亭集序》），传统建筑有庭院，它也许提供了“仰观宇宙之大”的可能，周遭环绕的园林则成为“俯察品类之盛”的室内经验的来源。在西方建筑学中习见的清晰的正交视角（理想结构的投影）或摄影画面（透视空间）的感受在两种情形中都是不多见的，换句话说，它也许形成了一种历时的，多角度混融的感受；其次，“物忘”是一种系统的，全身心贯通的过程，它用心理的深度取代了物理的深度，从物到象的转化过程，按照清代著名学者叶燮的说法，是“遇于目，感于心，传之于手而为象”（宣之于口而为言，即诗）。

在具体的设计中，你不能真的把“物忘”画在纸上——在今天“拜物”的设计风气里，即使“极小”的设计也还是一种夸张的物的铺陈，这种不能在照片中充分显露的设计的“言外之意”是不易讨好的，但是如果你设计的作品碰巧是个剧场或者热闹的餐馆，你的业主碰巧是个喜欢户外活动、精力丰富而不那么冷调的人，那么他没准真的可以随你的作品一起“物忘”的。它全在于随着空间的使用屋子里是否还剩下多余的东西，如果人们积极地使用了空间中的一切，而不仅是娱目显“酷”，那么也许在那一刻，也许你就真达到了《文心雕龙》中提到的“神与物游”或“心物交融”的境界。

毫不奇怪，这样的空间设计不可能首先是从别人的生活推演而来的。从一个外国人的角度，汉学家、《狄公案》的作者高罗佩注意到，随着中古文人文化的兴起，自我意识导致了对于自身生活环境的考究，一个鉴赏家常常将他期冀的理想室内环境描述出来，并身体力行地去实践它们：《洞天清录》的作者、南宋著名的收藏家赵希鹄，便提到了书斋的家具、笔墨纸砚香、爱读之书、爱赏之物的重要性。如同文震亨《长物志》的书名所揭示的那样，“室庐”内的“花木”、“水石”、“禽鱼”、“书画”、“几榻”、“器具”、“衣饰”、“舟车”、“蔬果”、“香茗”，这些都是些可有可无的身外“长物”，在现代建筑学中，它们也许都不是构成建筑空间最显著的因素，但那时代并无建筑师、室内设计师和使用者之间的罅隙——空间、空间的装修（finish）和装点（decoration）都是同一种不可或缺的“使用”，如同我们今天所意识到的那样，完全没有“琐物”的空间是没有人气的。

忽然想起某年在美国东部连续看的两个中国展览：其一是一个艺术家将自己过往生活（20世纪60~90年代）的全部物件收集起来，形成一个圆形放在纽约现代美术馆（MoMA）的展厅里（宋冬《物尽其用》）；其二是被整体搬迁到美国历史城市萨勒姆的徽州老宅“荫余堂”。在我的印象里两种“中国”都脱离了传统生活中“物”的氛围：在MoMA的展览里，“物”已经没有上下文，但我们可以想象它们是如何不断累积在不大的筒子楼或集体住宅中而成为拥挤身心的象征的，对于西方人而言它们是一种又陌生（带有中国符号）又熟悉（依然是现代化过程中的廉价而多余的“消费品”）的东西；而在“荫余堂”之中，雅室清玩的原物或复制品，屋主人陈年的纪念物都还好好地摆设在那里，但是它们被擦拭得过于清洁，陈设得过于讲究了。

这些成为异国博物馆奇观的“物”都不再是它们曾经从属的空间的一部分。END

# 边缘上的建筑学理论与史学研究
## ——美国建筑学研究性学位浅谈

撰 文 | 谭峥

谭峥

建筑师，城市学研究者。城市全景网站（URBANRAMA）创始人之一。

加利福尼亚大学洛杉矶分校建筑与城市设计博士研究生，主要研究西方现当代城市形态史与先锋建筑思想史。

在近几年，由于中国依然迅猛的城市化进程与建筑设计市场的进一步开放，中国建筑实践与话语生产已经渐趋国际化。中国的本土建筑师也越来越多地为国际主流的杂志所涉及并问鼎国际建筑学的奖项。但是根据笔者对建筑理论研究的跨文化传输所做的长期观察，以美国为主导的建筑学理论话语与包括中国当代建筑学话语在内的大中华文化圈等“化外”文化之间的交流渠道依然狭窄而曲折。这其中有极大一部分原因是在教育与机构层面——美国的建筑学理论教育，尤其以哲学博士（PhD）与艺术硕士（M.Art）之系统为代表，有其自身的发展脉络与历史源流，与欧洲与东亚的体系都大不相同。这里本人不惴浅薄，将个人的建筑学理论之旅中的一些资讯与思考奉上，既为先进者之谈资，也为后来者之镜鉴。

首先，美国建筑学系科大致分为两种学位，一种旨在培养职业建筑师，该学位往往由美国国家建筑学认证委员会（National Architecture Accrediting Board，简称NAAB）认证。这种学位又包括建筑学硕士或建筑学学士（M.Arch or B.Arch）。前者针对已经取得非建筑学本科的学生或主科（Major）为建筑学的四年制艺术学士（Bachelor of Art），学制一般为两到三年。后者则是本科学位，需经过五年的专业学习。这里面提到的四年制艺术学士则仅需两年专业学习，但所获学位不属NAAB认证的专业学位。

第二种学位为提供职业培训之上的高级修习的后职业学位（post-professional program），包括建筑学科学硕士（M.Sci in Architecture）与建筑与城市设计的科学硕士（M.Sci AUD）。该学位学制为一年，一般针对已经取得建筑学职业学位的学生。这个学位往往教授学生针对复杂形态与跨学科的建筑设计理念与技巧，往往会在计算机辅助设计、城市设计与环境与可持续设计等领域进行某一领域的深入研究。这种学位适合有初步实践经验并希望在专业水平上进一步拓展的年轻建筑师。另外许多学校都推出了各种相关学科混合的双学位（Dual Degree），如哥伦比亚大学的建筑与城市设计的双学位科学硕士，很多学校更是设置了景观建筑学与城市规划方向的建筑学双学位硕士。一个非常显著的现象是近十年来大量学校开始设置城市设计硕士学位，这也是应对市场需求与行业发展之举。

美国人认为职业学位完全是针对建筑师执业执照的获取，所以一般中国已经取得五年制建筑学本科学位的学生若要申请美国硕士程度的建筑学系科，学院方面都会推荐建筑学科学硕士等非职业学位，只是该学位在目前中美之间尚未完全学位互认的条件下，对于中国留美人士将来的建筑师执照获取比之职业学位要吃亏一些，一般会多要求一年的工作经验作为注册执业的前提。当然也有一些四年制本科建筑学的中国学生与非建筑学背景学生申请职业学位。目前国内高校已经认识到这个问题并与美国的职业执照管理机构协调，学位互认在将来应无障碍。

除以上学位之外就是旨在培养职业建筑教师或学者的哲学博士（PhD）与艺术硕士（Master of Arts）系统，这也是本文所要着力讨论的。需要注意的是艺术硕士是一种过渡性学位，作为博士路途上的阶段性成果，在教学目标上与哲学博士（Doctor of Philosophy）并无不同。美国的建筑学哲学博士学位之吊诡在于，博士培训系统与职业硕士培训系统是一种理想中需要糅合为一体，但是现实中却并立的系统，前者并不以后者的获取为前提，两者没有必然关联。当然目前很多学校的博士学位招生介绍中都会偏好已经获取职业硕士学位的申请者。产生这种状况的原因是美国建筑学产生的特殊历史时机。在现代主义传播到美国之前，同欧洲大多数建筑学学校一样，美国的建筑学学校认为历史，尤其是古典主义的历史，是内在于建筑学的训练的。启蒙时代之后所逐渐制度化的古典建筑的语言，比例与构成原则均渗透在以图板为主要工具的教学上。历史与理论教学的主要目的是为建筑学提供合法性的根源与类型库。这种实用主义的历史教学直到1960年代才发生改观，而且这一转变也与历史主义在美国及欧洲的兴起有关。建筑历史学家西贝尔·莫霍里纳吉（Sibyl Moholy-Nagy，即著名的匈牙利艺术家拉兹洛·莫霍里纳吉的夫人，当时在纽约普拉特学院任教）对1960年代的建筑学历史教学的窘迫状况极为不满，她记录了当时历史教学的四个困境——实践建筑师的抵制、缺乏合格教师、过低的听课出勤率以及普遍的文人相轻的状况。针对这一情况，许多学校开始聘请受过艺术史与历史训练并对建筑理论与历史有偏重的教授来讲授建筑史。这一举措的目的也是为了培养具有全方位视野的未来的建筑学教师。对当代美国建筑史学产生深刻影响的具有艺术史或历史背景的建筑史学家多在这一时期被拖入建筑学学院的教学中。比如亨利·米隆（Henry Millon）、韦恩·安德森（Wayne Andersen）、斯皮罗·科斯托夫（Spiro Kostof）与罗斯琳·克劳斯（Rosalind Krauss）等。反观历史，这些教授往往受过系统的艺术史训练，多数有欧洲与近东背景，与建筑史的实物材料有全面深入的接触。这些受写作与讲演训练较多的教授更能用生动活跃的讲课方法来吸引学生，同时他们对社会、历史、地理与政治的全方位了解为建筑学的研究开辟了广阔的疆土，极大地充实了建筑学研究性论题的内涵。与此相对应的趋势是，很多有过建筑实践训练但偏重历史研究的建筑师也开始倒向具有形式主义倾向的历史教学中，比如柯林·罗、安东尼·维德勒与弗兰姆普顿。到1970年代末，美国的主流建筑学院基本上都完成了向艺术史背景的转型。比如宾州大学在1967年前还要求博士学生必须掌握历史、结构、设备与设计四个领域的知识。而1967年后，仅仅要求掌握“历史与理论”一门知识，那些更与具体实践相关的知识被剔除。同时，这些学院也试图吸引受过其他相关专业理论训练的教授来任课，但是反响平平。从1980年代开始，建筑学院普遍与艺术史学院联合教授主要针对哲学博士的课程，建筑学博士教学开始制度化，除了继续从欧洲吸收建筑史与艺术史的教员，第一批从这种制度化背景中接受训练的真正意义上的本土建筑学哲学博士开始走向教学岗位并迅速产生影响，比如迈克尔·赫斯（Michael Hays）。

由于建筑历史与理论的哲学博士的艺术史倾向，博士课程中存有大量艺术史背景以及其他艺术人文类专业背景的学生。博士的获取并不必然需要职业建筑学培训（即上文所述的职业学位），而建筑学哲学博士的培养方法在设置之初完全照搬艺术史哲学博士，并挤压了原有的课程设置。研究对象除了建成物，更以各种历史档案、图像资料、文本资料与媒体上所呈现的大众观念为主。授课方式以读书讨论会（Seminar或者称为Pro-seminar）为主，讲课为辅。一般在前两年必须以全职学生的状态修完大多数的主干课程，在后三到四年完成资格考试以及论文。建筑学哲学博士的研究内容多为历史与史论，并往往要在建筑学院以外根据自己的研究方向辅修课程。整个学习过程中，以个人的档案与文本研究为主的单兵作战、一点击破式的研究途径占主要地位。很多时候，由于研究方向的精深与狭小，博士研究生几乎只能从导师与少数相关的学者那里获取指导。主要的就业去向除了教育与研究机构，还有艺术馆与博物馆，建筑专业媒体与非政府机构等。这里要说明的是，建筑学哲学博士作为一个整体的研究方向已经日趋多元化，不仅有历史、史论等，更有建筑技术、建筑方法论等多种方向。但是在与精英建筑实践的互相渗透与影响中，历史与理论这一方向的主体地位依然显著。

应该看到，欧美的建筑历史学家与批评家对于精英建筑实践的影响力甚巨。很多建筑史学家也是艺术策展人，由于他们具有深厚的史学修养，这些人的言论与品鉴往往具有高度的权威性，并能够在一定程度上左右整个建筑学专业媒体的导向，并进而影响建筑学实践。例如，巴瑞·伯格道尔（Barry Bergdoll）是纽约现代美术馆的主策展人也是著名的建筑史家；纽约时报的评论家保尔·哥德堡（Paul Goldberger）也是著名的纽约帕森设计学院的院长；目前芝加哥伊利诺大学的建筑系主任罗伯特·索墨也是一个文化批评家。正如马克·威格利在一次访谈中所称，建筑师是生产关于建筑的观念而不是建筑本身。而帮助建筑师生产观念的正是建筑史学家。这种观念产生实践的理念统治着当前的美国建筑学理论生产。

笔者认为，建筑学理论教学与研究的方向以价值取向分类不外乎两类，一种基于公益（public good）与社会的价值取向，另一种基于相对小众、目标群体与品鉴团体的价值取向。前者多研究城市主义、基础设施、建筑技术与乡土建筑等大众性话题，而后者则更多关注建立在艺术品鉴市场上的建筑设计问题，具有相当的话语垄断特征。前伯克利加州大学的教授戴尔·艾普顿（Dell Upton）曾经提出过类似的建筑学研究的左右之争。在笔者接触到的学生群体中，前者的学生往往来自工程实践、社会学与公共决策领域，后者则往往来自艺术史、平面设计或媒体设计领域，接受过建筑学职业训练并有实践经验的学生主要来自非英语国家。由于美国非常隐晦的社会分化所带来的意识形态分化趋向，这两种方向一直是分道扬镳并仅仅存在非常有限的对话，后者的精英化倾向日益明显。由是建筑学的理论生产与社会需求的悖论更加明显。对话语的关注已经超出建筑学传统核心知识的领域，重的是考据、训诂、公案，皆为寻章摘句之学，类似晚清的学风，与知识本身的生产渐行渐远。而另一方面，研究公益性建筑学话题的一派则无法在建筑学核心知识找到前进的引擎，于是日渐依赖相关学科的最新成果作交叉研究，比如地理学、社会学与政治学等，最后也几乎完全失去建筑学实践的价值维度。这样建筑学理论研究与教学无法阻止被特定的利益相关方劫持，也就是研究的资助方与服务方的意识形态与品鉴偏好决定了理论研究的方向。很多学校已经意识到这个问题，更多地将建筑学设计教学与理论教学整合起来，但是由于美国的建筑学理论教育的日益制度化、规程化、利益集团化，改革几乎成为不可能完成的任务。试想一个艺术史出身的教师，却要去指导以职业培训为目标的学生进行设计实践，整个建筑学教学的走向可想而知，但是这种专门化却是整个学术系统专业化与“寻租”化的缩影。那些所谓的“名校”的建筑学教学几乎完全脱节于职业培训，而与此同时，职业建筑师社区本身的惰性也异常明显，职业培训几乎仅从就业之后开始，直接导致建筑学社区的发展的低效与滞后。

相比美国，时至今日，中国国内的建筑学理论教育的历史积累相对稀少，同建筑学实践的互动机制还在形成中。但是笔者认为，在整个学科尚未完全定型的前提上寻找相对正确有效的方向比形成规程后的改革与转向要方便许多，中国国内的建筑学学位设置基本呈梯度设置，后者必须以前者为前提，虽然高级研究性学位的学生数量呈不正常的爆炸式增长，但在系统设计上却比美国具有一定先天优势。尤其是博士阶段学生有很多已经接受了完整的职业训练过程，按理说应该更理解整个行业的历史定位与发展需求。美国目前的建筑实践极度萧条停滞，再加上整个社会心态的低迷与退守，近年的美国建筑学知识的具体内容的构建已经愈发不足为国内实践的先导，但是在研究水准、职业道德与研究方法上依然能够为国内树立某种标准。在目前的入学要求下，参考欧美博士教学的切入角度，用本土的实践需求指导学科发展应为明智之举。在建筑学的成长引擎丢失的前提下，如何保证研究价值取向的合法性是第一要务。这一点上，中国的建筑学教育一方面无可避免地受行政意志控制，但是却具有美国同行所不具备的官方资源与制度性起点。在技术官僚依然主导的意识形态下，整个建筑学的社会公益性在一定的教学质量保证下更能得到发挥。END

## 俞挺

上海人，双子座。

喜欢思考，读书，写作，艺术，命理，美食，美女。

热力学第二定律的信奉者，用互文性眼界观察世界者，

传统文化的拥趸者。

是个知行合一的建筑师，教授级高工，博士。

座右铭：君子不器。


# 搜神记：菲利普·约翰逊

撰 文 | 俞挺

2005年1月28日CBS报道“98岁的美国建筑师的教父逝世了。”这个教父就是在David Bowie的歌曲Thru These Architect's Eyes第一句就提到的big Philip Johnson。但在29日，在英国《卫报》刊登的讣告中，饱受约翰逊调侃的英国人终于开始迫不及待地攻击约翰逊了，正如约翰逊生前习惯攻击别人的方式那样，该文从约翰逊的私生活、政治丑闻以及和同时代伟人的比较来对这个“巨人”进行贬低。这让美国人很难堪，于是不久，在《建筑评论》上，斯特恩代表美国建筑师为教父作了正面的辩护和颂扬。

菲利普·约翰逊如死后有知应当是乐于看到这些争论的，一个一生追逐荣耀和权力的人深知被公众遗忘的可怕。

### 一、改变建筑史的big菲利普·约翰逊

不管如何非议，big约翰逊的的确确改变了建筑史，但不是依靠他的建筑才华，而是他的权力欲。

约翰逊因为继承父亲美铝公司的股票，而一下子成为百万富翁，和大多数骤富的人不同，这个律师的儿子认真思考过自己的未来，这就是追逐权力。

第一步，结盟。

在约翰逊介入建筑界之前，美国的建筑界还是个封闭的世界，欧洲有点不同，只不过多了几个有野心的艺术家而已。菲利普·约翰逊改变建筑界的方式，既不是论战，也不是出书，而是将业主和建筑师之间的第三方力量就是评论界包括博物馆、展览、媒体等等宣传机构从推波助澜的地位变成支配性地位。这是他的盟友，他们裹挟的是公众影响力，对于建筑历史进程而言，这无法低估。

1930年他创立了MoMA的建筑与设计部，当时这个不起眼的组织如今决定着建筑师在权力榜上的升迁。1932他在MoMA举办了“The International Style: Architecture Since 1922”展览，这个展览基本改变了美国建筑历史进程，展览吸引了大量公众，公众的热烈反响开始冲击保守的美国建筑界。建筑师再也无法自娱自乐了，他们突然发现他们习惯做的事被冠上了各种贬义词，他们的工作是没有“Weltanschauung”（价值观）的;他们的成就是被从不设计的“研究者”和“评论家”所左右的。他们试图反抗，但他们笨拙的言语迅速掩埋在那些“旁观者”华丽的时髦的词藻和高亢的声音里。

他以博物馆为阵地，以媒体和评论界为盟友，以展览为手段开始他对建筑界主导地位的抢班夺权。他的胜利是如此耀眼，以至于如今还被各类野心家在各个国家效仿。

第二步，操纵。

菲利普·约翰逊或许是第一个真正意识到操纵公共信息对成功的建筑事业会有多大帮助的建筑师！公众不关心过去发生太久远的事，只注意即时发生的热点，操纵热点就是操纵公众信息。

约翰逊乐于接受各种采访包括各种杂志和报刊还有脱口秀访谈。他需要努力地不断表演把自己变成名人，然后通过赞助活动和社会权力上层保持紧密的联系，总之，他深谙名人效应的文化。

他甚至将他的一部分经过精心挑选的档案捐献给盖蒂图书馆，这也是一种策略，真实目的在于取悦大众。

第三步，夺权。

靠他夺权还不够，他要依靠外国力量。在他和盟友的长期操纵舆论的宣传下，欧洲代表了最先进的思想和文化，于是他主动带路，外国人来到了美国。沃尔夫回忆这段历史时灰溜溜地说“他们是太白星”。

他把柯布西耶邀请到美国，他将密斯和布劳耶带到美国生根，他还投靠格罗皮乌斯的哈佛门下。这些外来人构建了新的建筑学教育体

系。他们的学生渐渐取代陈旧的 Beaux-Arts 的学究成为学术界的主流，占据各个要冲。约翰逊是引路人、鼓吹者，让后来走捷径的人汗颜的是他还是实践者！他占据着核心地位。这样，美国建筑界完成了改朝换代。

第四步，统治。

评奖是重要的体现权力的方式，第一届普利茨克奖就颁发给了约翰逊，但普利茨克奖不是专业奖，似乎更代表公众认可，开始没那么重要，但现在在建筑界几乎就是诺贝尔奖的同义词，是建筑师梦寐以求的皇冠，但颁发皇冠的权力被小圈子垄断，这是对自己人的褒奖，是对不听话的人（比如雅马萨奇）的打击以及对潜在势力的拉拢（比如小国家的大师们）的有效工具，是评论界主宰建筑界的武器。不要看评委，要看选定评委的人！

不过建筑界毕竟不是封建王国，公众的偏好多变而迅捷，发现改变的迹象而改换阵营是维持统治的假象所必须的能力。这个能力被称为“机会主义”。潦倒的沙利文悲剧是不能发生在约翰逊身上的。现在很少有人诟病“机会主义”，只要成功，就可以免于批评，毕竟死在男厕所是一种人生嘲讽，在没有惊奇的当代，安逸是首选，这是约翰逊的遗赠。

1978 年，约翰逊通过《时代》和《纽约时报》的封面照片宣传他的 AT&T 大楼，当时被看成是引领一个新时代，其实只不过是跳上一辆已经开行的彩车而已。然而这种蛙跳不是突然地，从 1960 年代开始，约翰逊就悄悄背离“密斯式”，他模仿各种形式，试图创建“约翰逊式”，不过后来显然放弃了。

10 年以后，80 高龄的约翰逊保持了良好的竞技状态，一个撑杆跳来到了解构主义阵营，把格雷夫斯们抛弃在后现代主义的沉船上。他被埃森曼和盖里簇拥着在 MoMA 举办了他主持的解构主义新展览，至于解构主义是什么，埃森曼讲不明白，他不关心，其实盖里也不关心。

约翰逊是教父！

**二、失意的政客的 small 菲利普・约翰逊**

1934 年，约翰逊突然从 MoMA 辞职投身政治之中，这和他在 1931 年被希特勒的演讲所深深打动分不开。6 年不成功的政治生涯包括创建“青年国家党”，并为之设计了一个飞扬的楔形符号。约翰逊宣称“因循守旧的保守主义者占有了太多的财产，他们是我们的敌人”。他给多个面目可憎的极右翼分子提供经济支持，他反对罗斯福，主张孤立主义，主张美国不参加第二次世界大战，“用美国式方法解决美国问题……更多感情主义，更少理性主义”。但在 1930 年代，政治和建筑就像是分别占据他生命中两个隔离的房间。他崇拜第三帝国并不影响他喜欢密斯的建筑。

密斯忐忑不安地流亡美国时，没能帮助密斯把现代主义推销给第三帝国的约翰逊已经暂时忘记他俄亥俄失败的法西斯运动以及窘迫的密斯。他作为 3K 党盟友——狂热的反犹天主教神父库格林主办的《社会正义周刊》特约通讯记者在德波边境采编。

约翰逊不喜欢捷克人中不说德语的部分。“我们昨天晚上听到了用捷克语或其他该死的语言演唱的《唐璜》……那些蠢货们张着他们的大嘴，面无表情”。

约翰逊更瞧不起波兰人，尤其是他有在德波边境被波兰警察拘留的不快经历。当他随着德国军队进入波兰时，他赞美道“德军的绿色制服让此地显得幸福愉快。”面对华沙的陷落，他认为火海给他了“激动人心的一夜”。

所以联邦调查局和著名记者威廉夏勒抱有相同看法，约翰逊是“一个美国法西斯分子，一个可疑的纳粹特务。”约翰逊的朋友中有德国特务，但他显然不是特务，他只不过是被第三帝国看成“具有影响力的媒介”而已。

不成功的政治生涯给约翰逊日后的事业造成一定的困扰，他于 1941 年申请入伍，被拒；1942 年再被拒；总算在 1943 年被接纳成“大兵约翰逊”，但从来没在海外服过役。菲利普•约翰逊遭遇过最严峻的挑战是流水别墅主人的儿子小考夫曼（犹太人）在和他竞争 MoMA 职位的时候雇佣私家侦探调查过他的政治历史。由此他不得不拜访纽约的反诽谤联盟，用诚心悔过的姿态来掩饰他的不光彩历史。

不过斯特恩的评论代表了大多数美国人的看法，1930 年代的美国并不是净土，反犹太主义并不像后来名声狼藉，相反拥趸甚众，身在其中的约翰逊是可以原谅的。1930 年代的约翰逊还很年轻，甚至他对名车和建筑的热爱还没有分出高下，他在尝试不同的身份，只是试图找出一个适合自己的角色罢了。

**三、社交网络中的 big & small 菲利普・约翰逊**

菲利普・约翰逊被认为是一个“有着传统自由主义偏见的朋克派”。他在哈佛大学本科学的是哲学，研究柏拉图和亚里士多德。他对自己的远见、思想深度和能力深信不已。从来没有一个设计师像约翰逊那样恣无忌惮地不断地在各种公开场合将同时代的建筑师拿出来比较和评论。他精于“精句”艺术，利用演讲和访谈能将所有建筑师包括他自己骂得一钱不值。

他试图证明他和这些人相比毫不逊色并犹有过之。可惜的是被机会主义贬值的约翰逊缺少的是牺牲的勇气，正是这点差距，就是他和神的差别。

3.1 密斯

尽管早在 1928 年菲利普・约翰逊就和密斯认识，但原本试图和柯布西耶建立起合作关系，后来他把全部赌注压在密斯上，把他介绍到美国，他先将密斯描述成一个德国爱国者，密斯遭受左派的迫害，密斯的作品折射的是普鲁士价值的光芒，称他为“欧洲最伟大的建筑师”。

约翰逊还帮助密斯获得西格拉姆大厦的设计委托，密斯设计大厦时还要依赖他的设计师执照。

约翰逊一度成为最重要的密斯主义者，他毫不介意被人称为“密斯・凡・德・约翰逊”。但可能在内心中，约翰逊认为是自己成就密斯的，密斯是需要感恩的。

两人最终分手，起因是关于约翰逊引以为豪的玻璃住宅在艺术上的争论，密斯那时也喝多了点，一点不给约翰逊面子，这让造神者情何以堪？

从此约翰逊开始诋毁密斯。“不管纳粹党徒

还是什么别的人，密斯总是来者不拒，他有奶便是娘。"但事实上，更热衷纳粹主义的约翰逊曾经和密斯一起想办法向希特勒推销现代主义建筑，并宣称其可以增加帝国的荣耀。现在看来，密斯真的要庆幸他当初没有成功。

密斯和约翰逊不同的地方是，密斯虽然会在政治权利面前弯腰，但他的作品从不屈服，他默许别人为某种政治目的而利用他的建筑，但对于他本身而言，建筑就是目的。而约翰逊则不，建筑仅仅是手段，权力才是目的。

3.2 有的人永远是神

约翰逊对柯布西耶保持着长期的敬仰，约翰逊甚至在着装上还刻意地模仿过柯布西耶。"柯布西耶是我们这个时代最伟大的建筑师（之一都省了）"。

当然他不是没咕哝几句，"居住的机器是独特的谬论"。

3.3 有的人被贬低

《卫报》认为约翰逊的自负和勇气可以比拟赖特，但在才华上差了许多。讣告上同情地说道，赖特戏弄并欺负约翰逊长达 25 年但帮助约翰逊解放思想。事实是，约翰逊没那么可怜。

"赖特是我们时代的米开朗基罗。"但"现代建筑应更多地归功于密斯和柯布西耶，而不是赖特。"不过"他是 19 世纪最伟大的建筑师。"

更重要的是，约翰逊胜过赖特的是，活得比赖特长。

3.4 有的人被背叛

"他是谁？从任何角度讲，他是谁？"格罗皮乌斯才过世 3 年，约翰逊就刻意忘记他曾经

将格罗皮乌斯赞美为"我们这个时代最伟大的建筑师之一"的阿谀之词。

他在访谈中故意提到布劳耶，认为他教给他的东西远远多于格罗皮乌斯。具有讽刺意义的是在他 1958 年耶鲁的演讲中，布劳耶在他嘴中不过是"一个乡下佬似的手法主义者。"

就手法主义这点而言，约翰逊还真是青出于蓝的"反人性"的"功能折衷主义 (functional eclecticism)"者。

3.5 有的人在建筑学上被冷嘲热讽

布鲁斯戈夫是"浪漫的赖特派"，"他在那里想对建筑进行革命。哦，他也许能，但我不喜欢这类废话。"

哈里逊呢，是个可怜的"符号表现主义者"，背离了国际式后一无是处，而邦夫舍特是个"学究气的密斯派。"居然还因为约翰逊背离了现代主义而拒不理睬他。

至于爱德华•斯东只不过是个"屏风装饰家"罢了，他的阿尔巴里校园是法西斯式的平面布置。

3.6 有的人则在建筑学外被冷嘲热讽

雅马萨奇，"他和我们其他人一样傲慢"。而查尔斯•依姆斯"谈吐有如一个真正的美国高中生。"

"我对政治不感兴趣。"这话从约翰逊嘴里出来几乎让人不相信自己的耳朵，实际上他是为了挤兑斯特林，暗示这个家伙在政治上是个投机分子。

3.7 有的人还被明褒暗贬

基斯勒（Frederick John Kiesler）是"近代的达芬奇"，接着解释道"他在一栋屋子上既干雕塑又干绘画"。

凯文・罗奇即将了不起，"我同凯文洛奇合得来"不过"他的福特基金会大楼是他最失败的建筑。"

3.8 有的人则要狠狠打击

"纽特拉说他是世界上最伟大的建筑师，说起来倒容易，但实际上他不是。"

"门德尔松以为自己是万能的上帝……我们刻意贬低他的建筑，以此对他进行报复。"

接替格罗皮乌斯的包豪斯校长汉斯・梅耶则是一个"愚蠢的家伙"。

3.9 有的人则根据舆论导向灵活评论

"比如说，我一点也不喜欢他（埃罗・沙里宁）的作品。"到"上帝给他了力量"。

反例是路易斯・康，"他是我们天空的明星之一。"到后来的"他是个十足的造假者。"

3.10 有的人则被用来打击另一批人的

Matthew Nowicki 既然是现代主义者中第一个运用曲面屋顶的，潜台词是那么第二个用的埃罗・沙里宁就算不了什么了。

伍德（Jacobus Johannes Pieter Oud）是天才，这个风格派大师早在 1930 年代就转向同现代主义作斗争，那么他可以证明现代主义不是那么完美。

奈尔维的结构如此漂亮，证明了布劳耶的建筑设计毫无意义。

尽管富勒的穹窿还"没成为建筑艺术"，但足以来鼓动对"国际式"的叛变。

3.11 有的人是被用来壮胆的

麦克金姆・怀特和胡德被挖掘出来证明 AT&T 大楼设计的历史渊源。

勒杜（Ledoux）未建成的神庙被他用来设计成为休斯顿的一座建筑学校。

理查逊则代表美国建筑精神，既然密斯那么热爱辛克尔的话。

3.12 有的人用来分担某些人的荣耀

勒杜克（Viollet-le-Duc）的结构表现清教徒主义是"国际式"的源头。

"歌德才是现代建筑的奠基人"，他说"壁柱是一种谎言。"

沙利文、赖特、奥尔布里奇、瓦格纳、麦金托什、高迪是现代主义的先知。

斯坦姆、杜斯伯格、马洛维奇都是现代主义的奠基人。

3.13 有的人要拉拢

在他的玻璃屋建成后不久，他邀请了一对年轻夫妇来他家参观并晚餐，男客人刚刚在 MIT 的建筑系毕业，约翰逊认为这个矮小但温文尔雅的亚洲人是唯一在智商上能和他——未来的 big 菲利普・约翰逊相提并论的建筑师，他就是贝聿铭。

"如果我和贝、丹下一起开个事务所，那全世界的业务都归我们了。"他关心的还是权力。

3.14 有的人要提携

约翰逊很明白提携年青人的重要性，当彼得・埃森曼陷于财务危机时，约翰逊慷慨地给了张 10 万美元的支票，"拿去用吧。"他没有规定要归还的日期。

他帮助鲁道夫获得耶鲁建筑系馆的设计委托，尽管他称他为"装饰性结构主义者"，他还是喜欢他的。

3.15 有的人必须加以谄媚比如业主

约翰逊的甜言蜜语让传奇地产大亨川普认为他是"最伟大的建筑师"和"一个有用的赚钱工具"。

他在光辉照人的杰奎琳面前就像一个半融的糖人，与此相对的是态度冷漠的密斯，这差距甚大的对比，让骄傲的杰奎琳以为密斯不想获得肯尼迪图书馆这个项目。

3.16 有的人则永远在 big 约翰逊的阴影下

"我发现了他。"他就是希区柯克先生，他们一起写了《国际式》这本书，一起搞了影响建筑历史进程的"国际式"展览。约翰逊毫不客气地说"只有我敢用（国际式这个名词）"。显然他是灵魂，希区柯克则仅仅是负责展开和论述的肉体，"他写了那本书"。

3.17 有的人则是跳板

当文丘里和现代主义作斗争并看到曙光的时候，不声不响的约翰逊抛出了 AT&T 大楼。约翰逊深谙艺术家潮流之争的奥妙，千万不能像资产阶级那样愚蠢，粗暴地将新风格贬低为"丑恶的"或者"一般化的"，这类武断的言语会引起公众的反感。诀窍是蛙跳到新风格的前面去，说"是啊，但请看，我已经创立了一个更先进的地位……就从这里起。"

文丘里的伙伴气急败坏，约翰逊这个齐彭代尔式高脚柜摩天大楼以及破山花显然是盗取了文丘里在 1968 年《建筑论坛》上的一篇文章中所描绘蒙地切罗汽车旅馆的形象。但这于事无补，文丘里有机会或有勇气这么赤裸裸地设计吗?

得意洋洋的约翰逊在 1978 年的 AIA 金奖颁发典礼上宣称"我们从精神上对业主关怀备至"。业主说"请不要给我平屋顶"。这归咎于"美国和整个西方思想意识上发生了大变化……也许传统起了作用，也许心灵起了作用，也许进步不是唯一的方向……"

文丘里在人际关系和言辞上都输给了约翰逊，约翰逊这么总结自己的发言"用主席的话讲：百花齐放""上帝保佑年轻人，上帝保佑建筑事业"。文丘里完败。

3.18 有的人则钟爱一生

约翰逊一度在哈佛暂停学业，原因就是他的同性恋性取向。他到欧洲旅游散心，在欧洲他对建筑发生了浓厚的兴趣。约翰逊希望成为王尔德，追求新颖刺激的性生活，他一生中公开承认四个约翰逊太太，其中最后一个是 David Whitney，两人度过了漫长的 45 年，同年 6 月，这个年仅 66 岁的著名的策展人、评论家便步约翰逊后尘而去，他最重要和亲密的朋友还有安迪·沃霍尔。

约翰逊在品德上被认为是一半是野兽一半是圣人。一边他是个反犹主义者，"罗兹，……犹太人只占总人口的 35%，但是在他们黑色长袍和圆顶小帽的海洋中，看起来他们好像占 85%"。但同时他和许多犹太人保持良好的关系，不过出于某种复杂的心情，他唯一一次的免费设计是给了犹太会堂。一边他讨厌妇女和孩童，但同时他有许多女性知己并总记得给朋友的孩子送上令人惊喜的礼物，一边他或许是个反黑人主义者，但有过一个黑人伴侣后，他觉得黑人做总统也无不可。

**四、著名建筑师的 big or small 菲利普·约翰逊**

菲利普·约翰逊积极探讨每一种建筑形式，为自己的建筑设计提供原型，他甚至偷偷向他所嘲讽的建筑师学习，毫不害羞。不可回避的是，他尽管总在潮流前端，但他从没有发明过任何一个新形式，"It has been said that he was the second to do everything"，他继续被英国佬不客气地评价为"他是具有一流头脑、无穷财富、充满魅力和智慧的二流创意人才"。

但英国人可能低估的是约翰逊的另外一个建筑学上的重要天赋。菲利普·约翰逊深谙那些试图用建筑来证明自己伟大的业主的内心。

"我希望菲利普·约翰逊不介意我提起他的名字。他懂得如何将一个渺小的人包装得伟大——精美的建筑材料、巨大的空间尺度。"罗伯特·休斯（《新艺术的震撼》的作者）曾经拜访过第三帝国首席建筑师施佩尔，他问，如果现在出现一个新元首，世界上哪个建筑师会比较适合接替施佩尔曾经的位置，施佩尔做了如上回答。

既然"伟人之后是一片空白"，那么填补这个空白不是天才而是被一系列事件所武装的权力。在伟人之间的约翰逊清楚地明白自己的定位，菲利普·约翰逊是 20 世纪最耀眼的建筑师，但不是最伟大的建筑师。

**五、假神**

约翰逊 95 大寿时，《名利场》杂志一如既往地为他举办了和 90 大寿同样规模宏大的盛宴。《名利场》不是建筑学杂志，它对一切社会名流、中产阶级杀人犯和好莱坞政治阴谋都有着老掉牙但不可抗拒的胃口。约翰逊符合这个标准。

约翰逊坐在他设计的西格拉姆大厦四季饭店大堂的正中，弗兰克·盖里紧紧靠着他，旁边是总像个酒吧招待的埃森曼，周围有不远万里赶来的矶崎新、库哈斯、扎哈以及乌压压一片的追随者。这是活生生的建筑界权力榜。这些"年轻人"在这里向"教父"致敬，并接受"教父"的赐福。他们未必真心爱戴这个"教父"，但真的敬畏这个"教父"所代表的权力。

泰莫斯·格林菲尔德·桑德斯为《名利场》拍摄的照片没有表现出约翰逊对建筑史的贡献，只是再次证明了约翰逊在建筑界的显赫声名。

约翰逊不断努力，如愿以偿地成为国家著名人物。他一生就是传奇，高潮迭出，他故意诋毁更有天赋的同行，阿谀他的业主，转身又极尽嘲讽之能事，他声讨犬儒主义，他把建筑解释为个人的幻想曲，他宣称过"生命是短暂的，艺术是永存的"，他声称他的建筑目的包含在建筑之中，但实际无人知晓他的目的是什么，对于建筑，他没有永恒信仰，他只迷恋权力。

约翰逊不是神，至多是个神媒，他曾经被看成神，现在看来只不过是个假神!

**六、菲利普·约翰逊的幽灵**

我们讨厌约翰逊，但事实上又羡慕他。我们这个时代没有神，但有着无数约翰逊。成为神太难，成为约翰逊则相对容易点，现在甚至只要几句口号就行，第一代的约翰逊还是说的太多，做的太多，太麻烦了。我讨厌约翰逊还不如说我讨厌自己身上那发现并使用新形式的敏锐直觉，因为满足这瞬间的快感让我丧失创造新形式的能力。 END

# 采色：中国建筑学会室内设计分会2012第二十二届（云南）年会散记

撰　　文 | 唐钥
资料提供 | 中国建筑学会室内设计分会

2012年11月8日~11日，中国建筑学会室内设计分会(CIID)2012第二十二届(云南)年会在云南召开，本次年会以“采色”为主题，采用全新的形式，分丽江、腾冲、大理三条线路同时进行。既集中而高调地展示了“中国室内设计论坛”、“四大主题论坛”、十三场“文化雅集”等特色鲜明、极具个性的活动，又有亲临亲历、实地探访，深化了活动内容。来自全国各地的室内设计行业精英和相关行业人士一千多人集聚彩色云南，可谓俊采星驰、嘉朋云集。大家深入云南，借助丰富多彩的“采色之旅”，领略了独具特色的地域文化，感受了神秘多彩的地方风情，并进行了广泛而深入的学术交流与探讨。本届年会将论坛活动与实地参观、理论与实践结合起来，使整个活动收到了预期的效果，取得了空前的成功。

**神秘丽江 厚重沙溪**

丽江线的年会于11月9日开幕。上午，在云南大学旅游文化学院围绕“度假酒店设计”，开辟了设计主题论坛，开设了CIID公开课。黑龙设计品牌创始人、设计总监、HLD设计顾问（香港）首席设计师王黑龙以《采色·抽象与地域文化》为题发表演讲，他紧密结合此次云南年会主题，深入分析如何将地域文化融入设计，尤其是面对云南丰富多彩且独特的地域文化；他反对套餐式的设计，认为每一个有理想的设计师都应该避免同质化的倾向。昆明理工大学建工学院教授、昆明本土建筑设计研究所所长朱良文，以《丽江古城的价值与保护——兼议古城的“装饰”》为题发表演讲，他从三十余年来对丽江古城的发掘、研究、呼吁保护到参与部分保护、规划、设计工作历程的亲身感受中，选取以下三个问题进行阐述：首先是介绍丽江古城及其传统民居的特色，提炼其特质，分析丽江古城的价值；其次是分析古城保护的成绩与问题，论述古城保护与发展的矛盾及保护的艰巨性，并介绍他在保护方法方面的一些探索；最后是审视丽江古城的“装饰”，对古城的休闲环境、古城的“摆设”与“家具”、古城的色调与灯光等“装饰”的成败进行简要的剖析，阐明观点。而在公开课上，西安电子科技大学工业设计系副教授余平及福州创意未来装饰设计有限公司设计总监郑杨辉，也与活动参与者先后分享了《室内设计从阳光空气开始——“瓦库”实践》和《根植闽台区域文化，再叙空间气质》两场精彩的学术大餐。当日下午，主办方先后举办了四场文化雅集活动，包括民族服饰、东巴文化、木雕和纳西民居等。活动参与者们聆听那遥远的纳西古乐，感受那东巴世代传承下来的纳西族古文化，共同领略独特的纳西古建筑与纳西民族风情，唏嘘连连，留连忘返。

11月10日游览茶马古道上唯一幸存的集市——沙溪古镇。置身其中，犹如回到茶马古道巷道的昨天，石桥、古道、古街、寺庙在静静地诉说着它的过去。徜徉其间，凝重气息扑面而来。春秋的风，战国的雨，唐宋的雅乐，现代的祥云……仿佛一下子复活于眼前，令人驻足不前。

**魅力腾冲 纯美诺邓**

腾冲线的年会于11月8日举行。上午，在和顺古镇4个别具特色的场所举办了四场文化雅集活动，包括玉石文化、腾越文化、和顺民居等，活动邀请了云南当地的专家学者对翡翠文化、云南普洱茶文化、极边第一城的血色记忆、当代艺术土陶文化、云南皮影艺术、汉唐古籍、抗日战争中的腾冲反攻战役等极富特色的当地文化进行了深入而富有兴味的讲解。丰富多彩的地方文化给参会者们带来了特别的视觉冲击和情感震撼，也给在场的设计者们带来了异彩纷呈的设计灵感。参会的设计师们围绕相关话题展开了热烈讨论，大家都有着一种强烈的艺术创作的冲动，现场气氛空前地活跃。下午，意犹未尽的与会者们参观考察了历经沧桑但依然保持着传统的文化和建筑的和顺侨乡，实地感受腾冲古老而又鲜明的侨乡文化，饱览“极边第一城”的独特风貌。

11月9日上午，年会在腾冲空港观光酒店开辟了主题论坛——“旅游地产开发与设计”。新加坡LTW DESIGNWORKS特邀设计师、新加坡SSD DESIGN PTE LTD.合伙人及设计总监张津梁为前来的聆听者们作了《设计师眼中的新加坡旅游和地产》的主题演讲，张先生向听众们重点讲述了新加坡旅游和房地产开发设计的理念：设计不仅关注与自然环境整合，更十分注重人文环境的开发利用，尤其是对历史文化的保护和延续。张先生的演讲让听众们眼界一新，深受启发，看到了一个完全不同于往常的新加坡。随后，来自上海埃绮凯祺（HKG）建筑设计咨询有限公司的合伙人及设计总监陆嵘小姐作了题为《心灵与传统的对话》的演讲，她结合自己的一系列与传统有关的设计作品，提出了在设计中如何将传统与现代结合的六种方式。她的演讲，更多的是结合着自己的设计成长历程以及设计作品，直观、生动，内容丰满、亲切自然。演讲之后，两位嘉宾与听众进行了热烈的互动和讨论。

11月10日，全体与会者实地参观了滇西北地区年代最久远的村邑之一——诺邓古村落。深山里的诺邓，美丽得让人出乎意料。身处其间的人们，恐怕很难想象到它的自然清纯，外来的我们只觉得五脏六腑一下子清爽朗净，整个身子也仿佛轻飘起来，它让你舍不得将俗世的尘埃玷污了这里的一切。诺邓是一个有着上千年历史的白族村寨，有着丰富发达的盐业经济遗存，并以自然的“太极锁水”、丰富的信仰和民族文化，构成了十分鲜见的自然和人文景观。诺邓古村落围绕盐井形成层层叠叠的屋巷亭楼，堪称云南乡土建筑博物馆。盐业的富庶让诺邓在陡峭的坡地上长出了众多别致的居所，而且将各自的繁华刻印在建筑的记忆中。三坊一照壁、四合五天井……这些建筑布局在立锥之地上，展现出富裕的巧妙，四合院呈现台阶式错落。村里现在还有玉皇阁庙宇建筑群、文庙、武庙、云崇寺，以及文昌宫、三崇庙、魁星阁等20余处遗址，展现了道教、佛教、儒教与当地建筑艺术文化的完美结合。诺邓古村落以其特有的汉文化与当地白族传统文化融合形成的独特民族文化、古朴恢弘的村落民居建筑群及白族民居建筑文化，启发了来此参观的每一位设计师。

**长和南诏 华美大理**

大理线的年会于11月10日上午开幕，在大理学院举办了以“陈设艺术与照明设计”和“设计为人民服务”为主题的论坛。清华大学副教授尹思谨女士，中国家具设计专业委员会副主任、中央美院客座教授朱小杰，杭州上城区政协委员、中国美术学院教授王炜民，山西德道设计装饰工程有限公司设计总监王寒冰，天津大学机械工程学院工业设计副教授阚曙彬分别作了演讲。

演讲结束，大理线近四百余名与会设计师共赴大理喜洲周城村口的古戏台，参加长街宴活动。活动现场，欢笑声连成一片，大家一起品尝云南美食、互相祝福，热闹非常，整条街上宴席一桌接着一桌，让诸多设计师在愉悦的用餐过程中，领略其独特、多元的白族文化和建筑风格。

下午，主办方举办了五场文化雅集活动，内容包括白族民居、南诏文化、白族扎染与民族工艺、茶马古道和当代艺术等。

晚上，三线人员汇聚大理，参加本届年会举办的欢迎晚宴。宴后，中国建筑学会室内设计分会各位理事会成员，就2014年第二十四届年会举办地进行投票选举，最终确定：厦门为下届年会的主办城市。

11月11日，CIID云南年会进入高潮，千名设计师，齐聚一堂，共话感受，分享收获。国家建设部原副部长、中国建筑学会名誉理事长宋春华，CIID名誉理事长张世礼，CIID常务副理事长兼秘书长叶红，大理学院校长杨荣新分别致词，以此奏响了本届年会的尾声。华中科技大学哲学系资深讲师姚国华，北京大学艺术学院艺术学系主任、教授、博士生导师彭锋，分别进行了题为《百年中国脑震荡》和《当代美学的新进展》的主题演讲，他们分别从哲学和美学层面对当今的设计进行了独具视角的分析和探讨。最后还邀请了PAL设计事务所有限公司创办人、首席设计师梁景华博士作了《艺术的生活，生活的艺术》的演讲，分享他的设计心得与实践经验。让所有的与会者感受了当今设计最先进的理念，引领潮流的设计思想。

11月11日晚，年会进行了2013第二十三届CIID哈尔滨年会预展；宣布了2014第二十四届CIID年会举办地；举行CIID2012年度颁奖典礼，颁发2012第十七届CIID优秀论文奖、2012第十五届中国室内设计大奖赛“学会奖”、2012第二届中国“设计再造”创意大赛、2012年度中国室内设计影响力人物等奖项。自此，本届年会圆满地落下了帷幕。大家期待着品味2013年冰城哈尔滨冰雪之旅的又一次当代艺术盛宴。END

# 黄铜配件，为实木质感添细节

## ——半木 2013 年新品发布

资料提供 | 半木

“半木”历经六年多的磨砺后，于 2012 年 9 月在上海文定生活广场开出第二家精品店并同期发布 2013 年新品，包括案桌、“清风”禅榻 - 双人版、“新宋”字画柜、“徽州”书画桌、“徽州”百宝柜等。此次新品神秘引入独家工艺处理的 100% 黄铜定制装饰件，为贵重实木质感更添细节。

案桌

脱胎于传统玄关的供案，造型外观吸取汉风之精华，整体线条如汉服水袖般动感流畅，端庄大气。通过将实木切割后拼接而成，两侧桌腿底部专门定制黄铜配件，显大家风范。

“清风”禅榻 - 双人版

“清风”禅榻由胡桃木整体框架与纯天然麻质面料组成。借鉴风衣的裁剪手法，可以脱卸的纯麻垂挂固定在胡桃木框架上，左右两边显露的圆形胡桃木扶手，处理成衣袖的布艺结合，有两袖清风的寓意，是一方属于自己内心修行的纯净天地。

“新宋”字画柜

一件绝世的字画柜，须承载得了一位收藏家毕生的梦想。此件作品结合了传统中式字画柜的功能，及佛教中充满神圣感的须弥座之神形，简约中透露着不凡。两块厚重的门板由两大块精心甄选材质纹理的原木雕刻而成，如同古代名门贵族府邸的宅门，每一次开启都是一次令人心动的体验。独家设计定制的全铜机关，为欣赏柜中宝物平添了一份意想不到的乐趣。柜内两层搁板底部暗藏着更为贴心的玄机——由若干个手工制作插销锁固定的香樟木板，可有效对柜内物品起到天然防蛀防虫的神奇功效，为藏品觅到一个安心无忧的优雅归所。END

# 幸福厨房，艺术呈现
## ——德国米技"Art Kitchen"2012法兰克福时尚家居展

撰　文｜笑楠
资料提供｜米技电子电器（上海）有限公司

2012年10月10日~13日，来自德国黑森州的全球高端炉具品牌德国米技Miji参加了在上海展览中心举办的2012法兰克福时尚家居展。米技电子电器（上海）有限公司是德国独资企业，成立于2001年。公司集产品引进、装配、研发、销售和服务为一身。经过了十余年的宣传和推广，米技公司成功地填补了该行业在中国市场上的空白。作为节能环保产品的领跑者，米技产品采用德国全进口的零部件，节能、环保、安全、清洁，成为现代厨房新概念的理想产品。此次展览，米技继续在W201展示米技公司的专业品牌形象，包括新产品的上市发布，现场烹饪大师的精彩演绎，观众的参与互动；更在中央大厅展区C212呈现幸福厨房的展示。2011年米技艺术厨房受到很大关注和好评，近300m$^2$的"Miji Art Kitchen米技艺术厨房展"，在米技公司和总部位于德国美因兹的赛兰®微晶玻璃灶具面板的研发制造商肖特（Schott）公司搭建的平台上得到淋漓尽致的体现。今年米技在此基础上，将十位艺术家精心绘制的肖特艺术面板制作成为实机，真实感受艺术与科技的完美结合。尤其2012年米技与德国高端橱柜品牌nolte强强联手，打造经典德式厨房，带给我们纯正血统的欧洲厨房文化，为高端消费者提供生活方式的指引和借鉴。

在保持技术领先性方面，米技与肖特合作，双方建立"绿色联盟"，确保米技的产品采用当今市场最为先进环保的技术。肖特在技术和环保方面成绩斐然，在2010年赛兰®微晶玻璃灶具面板获得德国创新大奖，并且在2011年再次获得德国可持续性大奖前三名。END

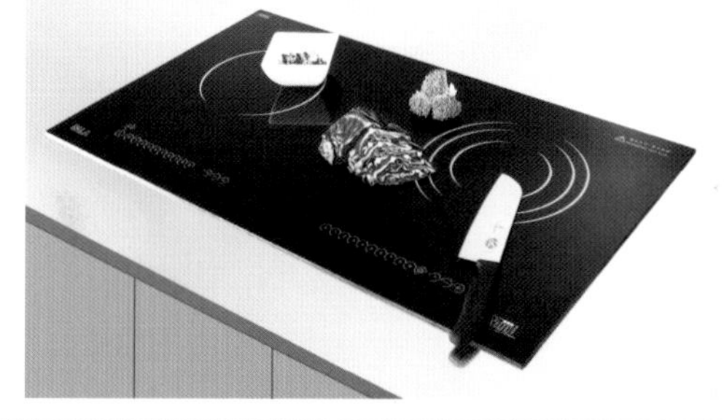

# 设计与市场

撰　文 | ruibing
资料提供 | Herman Miller公司

从生产传统家具的公司演变成美国现代家具设计与生产中心，Herman Miller 公司认为设计是企业经济的一个有机组成部分。他们与世界著名设计师合作，并拥有自己的设计师队伍，其中 Gilbert Rohde, George Nelson, Charles & Ray Eames, Alexander Girard, Isamu Noguchi 等设计先驱使 Herman Miller 改变了传统的家具设计路径。

11 月 8 日 ~10 日，Herman Miller 亮相今年的“100% 设计”上海展。我们与其亚太区业务副总裁 Jeremy Hocking 做了一次对话，来了解他如何看待设计与市场的关系。

**ID** =《室内设计师》
**JH** = Jeremy Hocking

**ID** 能否简要介绍 Herman Miller 品牌历史?
**JH** 我们总部在美国密歇根，有近一百年历史，最重要的是我们不仅与公司外部遍布全球的很多设计师合作，也有非常有名的设计师先驱和团队。我们用新的材质、新的技术、新的生产方式创造非常具有创新价值的产品，并将产品推广到世界其他地方，很多人都在学习我们的技术和产品。

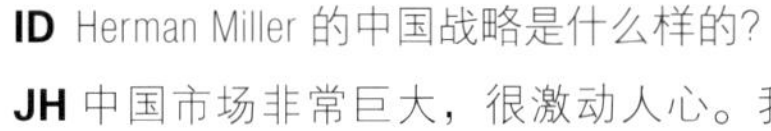

**ID** 这次参展的主要作品有哪些?
**JH** 我们的展示主题是：让大家聚集在一起。办公环境发生着翻天覆地的变化，越来越多人在寻求共同合作，而不是待在自己的单独办公室。第一类展品是人体工学椅子，通过人体工学设计给人一种美好享受；第二是让人们聚在一起，促进合作的办公工作台；第三类是 Herman Miller Collection，展示具有历史意义的 Herman Miller 传统设计，如 Charles Eames 在 1950 年的设计；第四类是可以调整高度的桌椅。

**ID** Herman Miller 的中国战略是什么样的?
**JH** 中国市场非常巨大，很激动人心。我们进军亚洲三十余年，产品基本是从美国运到亚洲的。2002 年四月，Herman Miller 买下一家在中国具有非常大销售网的香港家具商 POSH。我们生产的一些产品在中国 21 个城市都有销售，很多国际公司进军中国只是把办公室或销售渠道设在北京或上海等大城市，但我们在南京成都等都有经销商，经销商是我们的财富，让我们能进军中国市场。

2005 年我们到中国开了自己的工厂；2008 年把亚洲总部设在香港，2009 年在香港设立研发中心。在亚洲，我们现在不仅有了一些销售渠道，也有工厂，不仅生产产品，也设计产品，我们想寻求与中国及日本设计师的合作，帮我们生产下一代产品，并把产品出口到其他地方。虽然我们现在在中国还是非常初期的品牌，但我相信越来越多人和公司会想买到质量更好更耐用的桌椅，所以我们有很多机会。

**ID** 是否有针对中国市场设计的产品?
**JH** 我们现在有与一些中国设计师在合作，但还是在给一个大地区或整个世界生产产品，不针对具体某个国家。
**ID** 那怎么看待不同地区具体需求上的差异?
**JH** 我给你一个非常好的例子，可调整桌椅在澳洲卖得非常好，而中国只有一些厂商有需求；而在印度，这种可调整家具没人要，我们发现在亚洲一些产品种类可以相较美国减少一点。亚洲人的工作空间也要小一点，所以小一些的家具会卖得比较好；SAYL 椅是我们生产的所有椅子中较小的，我们四年前在中国做了很多调查研究之后才研发出这个椅子，它在中国卖得非常好。我们发现区别还是有的，但不大。

**ID** 您怎么看待产品设计跟市场间的关系?
**JH** 我们每件产品的存在都是有原因的，不是因为款式而是因为背后的故事而存在，市场团队的工作就是解释产品存在的原由，让顾客了解背后的故事。但如果没有研发部门，就不会有很成功的新品发布，我们非常注重研发，从设计、研发到生产需要非常长的时间。

除了和设计界合作，也要与顾客合作，Herman Miller 与顾客保持了非常长久的关系，我们生产的椅子经久耐用，可以用十到二十年，前两天我还接到一个电话，二十五年前买我们椅子的客户说要进行维修，然后我们也帮他修了。

**ID** Herman Miller 品牌最重要的东西是什么?
**JH** 我觉得最重要的是真实（Authenticity）。中国有非常多 Herman Miller 仿冒品，那些公司用了我们的名字、商标、设计师的名字，那些公司没有说真话，到最后不会为自己赢得好名声。要确保讲真话，做实事，设计一些真实的东西。就拿纸杯来说，虽然是很小的纸杯，很廉价，但是真实的。END

# 莫干山：时光之瞳——文创生活研讨会

撰　文｜夕颜
资料提供｜东联设计集团

2012年11月10日，东联设计集团总设计师朱胜萱率其主创团队在浙江省德清县莫干山镇发起了莫干山文创园研讨沙龙活动，旨在探讨如何将设计和创意与莫干山优美的自然环境和文质醇厚的人文生态相融合，通过建筑改造及景观设计、优秀品牌的进驻、先进的文化产业运营理念的注入，为此名山古镇带来新的生机和活力。莫干山镇党委书记陆卫良，莫干山镇镇长洪延艳，国际休闲产业协会秘书长、东方园林设计集团副总裁、东联设计集团总设计师朱胜萱，浙江大学建工学院副教授葛丹东等嘉宾出席了研讨会，共同探讨了“创意兴山”、“人文兴山”的方向与可能性，近百位来自上海、杭州、宁波等地的设计师、艺术家、企业家、媒体代表也应邀出席了研讨会。

活动在莫干山镇黄郛西路48号的前蚕种场建筑中举行，这里由民国时期政界要员黄郛为促进当地发展而兴建，是从事蚕种生产和经营活动的厂区，目前已经停产，成为此次东联设计集团与莫干山镇政府联手改造的重点之一。厂区现有的风貌承载着渐渐失去的丝绸文化的记忆，建筑两侧高耸的廊道仿佛还在诉说当年晾晒蚕种，加工生产的一幕。如何利用好场地，传承过去的文化，带来新的活力，成为本次活动讨论的热点。

朱胜萱一直致力于都市农业和乡村休闲两大板块的研究工作，莫干山是东联开发乡村休闲板块的重要基地之一。他谈到东联在莫干山创意建设的两大板块：一个是以蚕种场为中心的文创园区。该场区地理位置显著，位于莫干山镇上多条旅游路线的必经之地，也是进入莫干山景区的重要门户，同时依山傍水，场区后面绿幽幽的青山成为来访者活动的后花园，另外旁边的黄郛小学等都能成为文化创意园区的拓展地，所以把园区打造成集民宿文化、旅游文化、艺术展示等多位一体的创意园区，非常具有实践意义和可操作性。项目园区内未来植入高端休闲产业品牌“台湾清境休闲”，完成国际品牌宣传效应，植入国际乡村休闲旅游专委会休闲示范基地，设立论坛基地，引入高端艺术家工作室，设立艺术展示集聚效应，增强区域文化产业的集聚。另一个板块是上物溪北地区高端会所、室外农耕体验区。场地位于莫干山镇溪北村，原有小学长期废弃，通过创意设计师的精心策划，打造成小型精品会所，外部涵盖60亩农耕场地，计划打造农耕文化体验区，让入住上物溪北的都市人都能来体验，劳作，回归自然，涤荡内心！

莫干山镇党委书记陆卫良向来宾们介绍了莫干山镇发展的历史与现状，表明了当地政府文化兴镇的决心。政府部门已将不利于生态的工厂和采矿等业态关停，在尊重当地文脉、保存历史记忆、维护生态环境的前提下，将发展的重心转移到文化产业和旅游业。他们期望通过与东联的合作，开创出良性循环的运营模式，为后代留下一个山明水秀、人杰地灵的莫干山。

嘉宾们各抒己见，为项目的顺利开展出谋划策。直至下午4点，整个活动在初秋的艳阳与微风中、在来宾畅所欲言的热烈氛围中完满落幕。碧云漫天、黄叶匝地的自然美景在来宾心中留下了美好的印记，而大家更期待的是项目的顺利开展将带来的更有“腔调”的莫干山。

## 中国（上海）国际时尚家居用品展览会

2012年10月10~13日，由法兰克福展览（上海）有限公司主办的第六届中国（上海）国际时尚家居用品展览会（简称上海时尚家居展）在上海展览中心举行，参展企业及与会观众数再创新高，再一次证明它作为国内中高端家居及生活用品行业最专业商务平台的重要地位。展会吸引了来自15个国家和地区的248家参展商，包括巴西、中国、丹麦、希腊、伊朗、日本、西班牙、瑞士、荷兰、英国，及来自德国、法国、意大利、中国香港、中国台湾的五大展团，整体展示面积达17 825m$^2$。

法兰克福春季消费品博览会（Ambiente）的“设计新星（Talents）”项目也第二次在上海时尚家居展上与观众见面。法兰克福展览公司多年来致力于扶持年轻设计师，本届展会中，有13位来自中国、欧洲及日本的青年设计师齐聚Talents单元，面向观众，展示极具个性的设计理念及独特创新的家居用品。因展会规模增长，下届上海时尚家居展将于2013年9月25日～27日移师上海新国际博览中心举行。

## 时尚创意与艺术 @ 上海外滩美术馆

2012年11月25日下午3点，上海外滩美术馆（RAM）与荷兰设计会联手于圆明园路169号协进大楼一楼主办了一场关于荷兰与中国设计时尚语境的演讲及展示活动。活动展示了两项内容，分别是“荷兰设计会：时尚档案之艾利斯·凡·赫本与邵腾 & 巴靖”以及“伯德孟：创意中国—绘制创意产业的反向地图”。在时尚与艺术的延展及对话中，荷赛·图尼森（展览《本能：荷兰设计与时尚的语境》主办方之一Premsela荷兰设计与时尚研究院现任董事）和叶晓薇（现代传播时尚编辑总监、中国时尚与视觉艺术策展实践《A Plus》策展人）向来宾介绍了中国和荷兰的时尚界，开启对中国和荷兰设计师们不拘一格的时尚拓展之讨论，在去除陈规定位的同时生发新鲜创想，从而创造出色的服饰设计与激动人心的跨学科交流与合作。

活动围绕“时尚创意与艺术：荷兰和中国之嬗变”的主题，是RAM发起的关于“艺术，时尚和设计创意”的系列项目的首场活动，旨在探索荷兰和中国的时尚界的图景与联结，创造全新的时尚语言，观察当下语境中的嬗变，并将时尚拓展至设计与视觉艺术。

## 叶锦添将出席IFI文化·创新·设计国际论坛

近日，CDA中国设计奖（红棉奖）组委会发布消息：CDA 2012评委之一、奥斯卡最佳美术指导叶锦添已确定出席于2012年12月7日举行的IFI文化·创新·设计国际论坛，并做主题演讲，分享他在服装设计、电影造诣、当代艺术、室内设计等方面的经验，以及对“新东方主义”的感悟，并与IFI董事会成员就建筑环境设计的国际性进行对话交流，聚焦室内建筑设计的自然哲理、学科教育、实践应用。

同时，被誉为日本建筑、工业造型设计界“教父”的黑川雅之携手中国本土品牌ZENS哲品家居，带来最新系列产品PARTY-T参评CDA 2012中国设计奖（红棉奖）。

## Andrew Martin 全线登陆上海

2012年11月15日，英国最有传奇色彩的室内装饰品牌——Andrew Martin在博洛尼家居体验馆亮相。Andrew Martin作为英伦经典的代表，以其独有、高级定制、自然和充满戏剧化的家居文化理念为精英们所青睐。Andrew Martin的所有家具的精髓都来自独有的设计和符号感，并始终保持与高级定制时装界的节奏同步，因此Andrew Martin的产品不但引领潮流，而且选择丰富。

## 上海品牌促进中心家居品牌专业委员会成立

2012年10月10日，借第六届上海时尚家居展的东风，上海品牌促进中心·家居品牌专业委员会在上海展览中心成立。该专业委员会是国内首个服务家居及生活用品品牌、专注国内商贸流通的行业性机构。专业委员会的成立，将积极搭建家居品牌的产业平台，为行业未来快速发展与壮大奠定了基础。专业委员会将依托上海品牌促进中心的多方资源，积极推动家居用品行业市场化和国际化发展。委员会将团结并扶持家居生活用品领域的内销型品牌企业，通过对品牌及通路的有效指导与支持，帮助企业推广品牌、开拓渠道、建立销售网络，同时积极培养消费者建立并推广“适应本土习惯”的生活方式概念，通过产品深入生活，从而进一步提高本土消费者的生活水平和品位。法兰克福展览（上海）有限公司、多样屋生活用品、利快中国机构、隆达骨瓷、卢臣泰陶瓷、米技电子、上海敖多、上海乐杨等国内外著名家居品牌、经销商及展商成为委员会首批成员。

## 诺梵创意展厅开幕

2012年10月16日晚，由诺梵（上海）办公系统有限公司主办的诺梵创意展厅开幕盛典暨金秋音乐答谢酒会在上海大宁中心广场A5幢隆重举行。业内知名设计师、建筑师、家具协会领导、客户代表及合作伙伴600余人盛装出席了此次酒会。全新的诺梵创意展厅由上海第一机床厂改建而来。高大开敞的室内空间共3层：一楼为创意展厅；二楼会议、培训中心；三楼为办公区，总面积5000余平方米。由工厂改建的“LOFT”建筑风格，设计师巧妙地将开放性、流动性、通透性及艺术性融为一体。在充分尊重原有建筑空间的基础上，大胆将空间重新解构、组合，充分利用原有天窗的自然采光，并将各种工业残留元素审美化，使之与环境成为一体，更拉近了人与现代工业文明间的距离。

## di·中国民用建筑设计市场排名颁奖典礼

2012年9月27日，di·中国民用建筑设计市场排名颁奖典礼在z58隆重举行。上海天协文化发展有限公司总经理谢定伟、加拿大亿万豪剑桥集团中国区副总裁陈晓鸥、上海真如城市副中心开发建设投资有限公司总经理陈很荣、高纬环球中国区投资部董事叶成宇、弘大集团总经理冯伟琴、上海中欣长远房地产开发有限公司执行董事姬红、《di设计新潮》杂志执行主编贾布及杂志社社长赵燕为总计10项奖项颁奖。来自不同地产领域的嘉宾讲述了选择建筑事务所时的标准。在甲方的表述中，由于地产类型的差异，各自对建筑师的要求侧重点不尽相同；但在整体上，各家对建筑师和事务所的行业积淀、理念及建筑师本身的价值观都提出了严格要求。

## 飞利浦：以光创见家的丰富内涵

2012年10月19日，飞利浦家居照明“光，创见家的感动——未来家居照明趋势论坛”在清华大学美术学院举办。论坛汇聚了林伟而、周洪亮及众多业内专家。活动通过名师演讲及对话，展现住宅设计最新理念，探讨适合中国人居住宅形态，聚焦如何通过创新设计营造更人性且个性化的居家环境；特别是，在追求现代感和个性化设计的今天，如何为家居空间带来高品质光环境，并为想要改变室内氛围的设计师及住户提供丰富的可能性和多元选择的照明设计解决方案。飞利浦的照明专家对有意义的照明解决方案，给出了诠释，“始终不变的是变化，有意义的创新为的是改善人们的生活质量，这也就意味着先进的科技研发不是为了科技而科技，而要立足于给人们带来便利、愉悦且有质量的操作和使用体验，从而提高人们的生活品质。”